기획 및 개발

EBS 교재 개발팀

본 교재의 강의는 TV와 모바일 APP, EBS*i* 사이트(www.ebsi.co.kr)에서 무료로 제공됩니다.

발행일 2024. 10. 1. 1쇄 인쇄일 2024. 9. 24. 신고번호 제2017-000193호 펴낸곳 한국교육방송공사 경기도 고양시 일산동구 한류월드로 281
표지디자인 디자인싹 편집 글사랑 인쇄 팩컴코리아㈜
인쇄 과정 중 잘못된 교재는 구입하신 곳에서 교환하여 드립니다. 신규 사업 및 교재 광고 문의 pub@ebs.co.kr

정답과 풀이는 EBS*i* 사이트(www.ebsi.co.kr)에서 내려받으실 수 있습니다.

| 교재
내용
문의 | 교재 및 강의 내용 문의는 EBS*i* 사이트
(www.ebsi.co.kr)의 학습 Q&A 서비스를
활용하시기 바랍니다. | 교재
정오표
공지 | 발행 이후 발견된 정오 사항을 EBS*i* 사이트
정오표 코너에서 알려 드립니다.
교재 ▶ 교재 자료실 ▶ 교재 정오표 | 교재
정정
신청 | 공지된 정오 내용 외에 발견된 정오 사항이
있다면 EBS*i* 사이트를 통해 알려 주세요.
교재 ▶ 교재 정정 신청 |

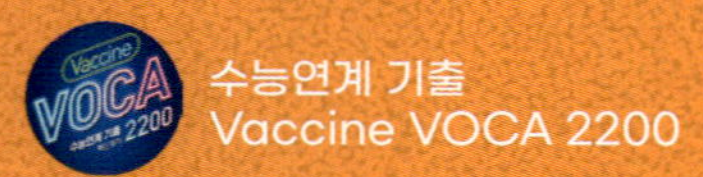

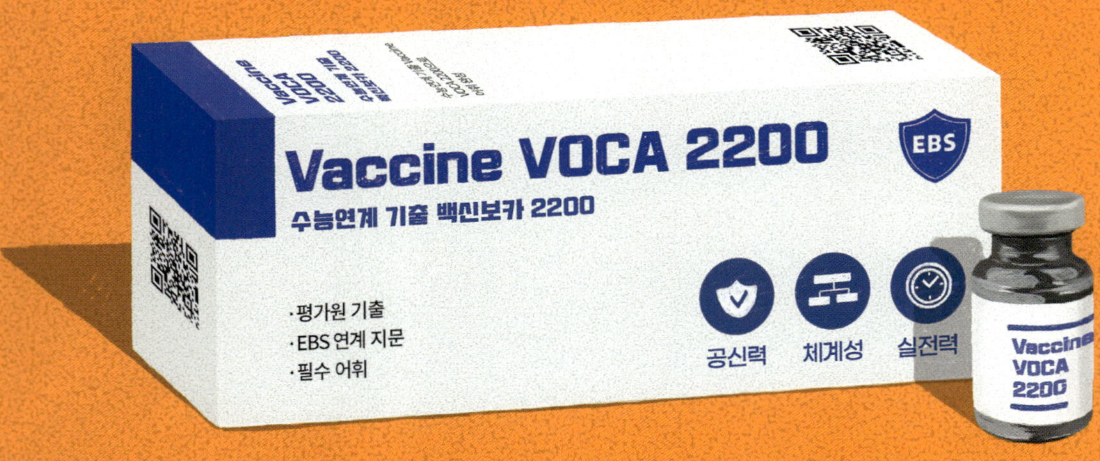

○ **수능 영단어장의 끝판왕!**
10개년 수능 빈출 어휘 + 7개년 연계교재 핵심 어휘

○ **수능 적중 어휘 자동암기 3종 세트 제공**
휴대용 포켓 단어장 / 표제어 & 예문 MP3 파일 / 수능형 어휘 문항 실전 테스트

수능특강Q

미니모의고사

14회분 수록

수학영역

수학 Ⅱ

1 흔들리지 않는 수능 실전력 완성

2 역대 수능 연계교재 고퀄리티 문항 수록

이 책의 **구성과 특징**

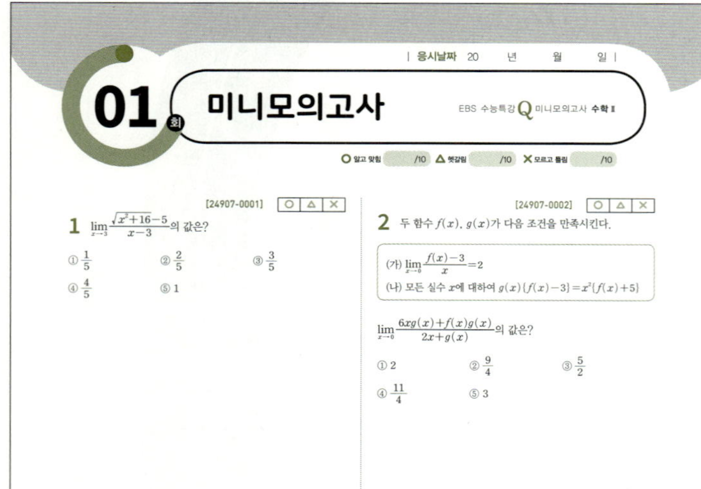

- 한국교육과정평가원이 감수한 과년도 EBS 수능 연계교재의 우수 문항을 선제하여 미니모의고사 형태로 구성하였습니다.
- 목표 시간 내에 문제를 푸는 연습을 통해 실전에 대비할 수 있습니다.

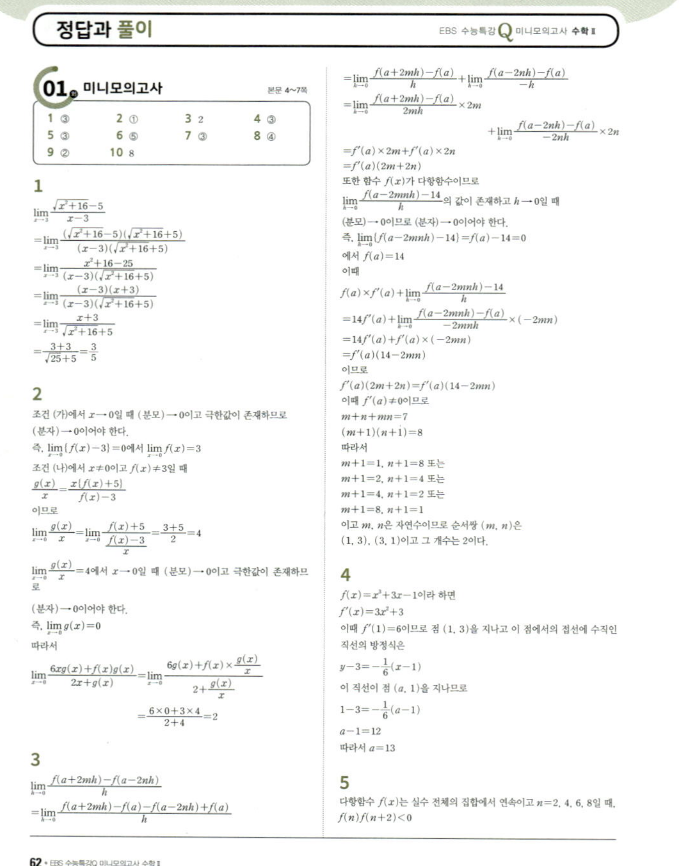

학습자 스스로 문제의 핵심을 파악할 수 있도록 명확한 풀이를 제공합니다. 잘 풀리지 않는 문제는 풀이를 통해 확실히 이해할 수 있습니다.

이 책의 **차례**

※ 미니모의고사 학습 계획을 세우고 매일 실천해 보세요!
※ 풀이 시간과 틀린 문항을 정리해 복습에 활용하세요!

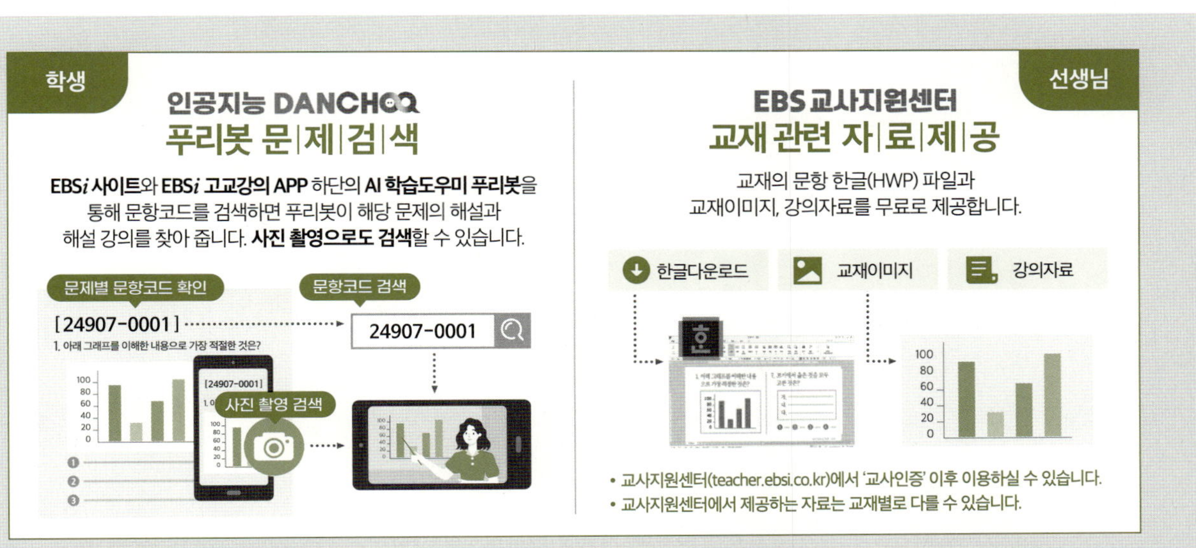

01 _회 미니모의고사

EBS 수능특강 Q 미니모의고사 **수학 Ⅱ**

○ 알고 맞힘 /10   △ 헷갈림 /10   ✕ 모르고 틀림 /10

[24907-0001]   ○ △ ✕

1 $\lim\limits_{x \to 3} \dfrac{\sqrt{x^2+16}-5}{x-3}$ 의 값은?

① $\dfrac{1}{5}$ ② $\dfrac{2}{5}$ ③ $\dfrac{3}{5}$

④ $\dfrac{4}{5}$ ⑤ 1

[24907-0002]   ○ △ ✕

2 두 함수 $f(x)$, $g(x)$가 다음 조건을 만족시킨다.

> (가) $\lim\limits_{x \to 0} \dfrac{f(x)-3}{x} = 2$
>
> (나) 모든 실수 x에 대하여 $g(x)\{f(x)-3\} = x^2\{f(x)+5\}$

$\lim\limits_{x \to 0} \dfrac{6xg(x)+f(x)g(x)}{2x+g(x)}$ 의 값은?

① 2 ② $\dfrac{9}{4}$ ③ $\dfrac{5}{2}$

④ $\dfrac{11}{4}$ ⑤ 3

[24907-0003] ○ △ ✕

3 상수 a와 두 자연수 m, n에 대하여 다항함수 $f(x)$가

$$\lim_{h \to 0} \frac{f(a+2mh)-f(a-2nh)}{h}$$

$$=f(a) \times f'(a) + \lim_{h \to 0} \frac{f(a-2mnh)-14}{h}$$

를 만족시키도록 하는 모든 순서쌍 (m, n)의 개수를 구하시오. (단, $f'(a) \neq 0$)

[24907-0004] ○ △ ✕

4 곡선 $y = x^3 + 3x - 1$ 위의 점 $(1, 3)$을 지나고 이 점에서의 접선에 수직인 직선이 점 $(a, 1)$을 지날 때, a의 값은?

① 11 　　　② 12 　　　③ 13

④ 14 　　　⑤ 15

[24907-0005] ○ △ ✕

5 다항함수 $f(x)$가

$$f(n)f(n+2) < 0 \ (n=2, 4, 6, 8)$$

을 만족시킨다. 방정식 $f'(x)=0$의 서로 다른 실근의 개수의 최솟값은?

① 1 　　　② 2 　　　③ 3

④ 4 　　　⑤ 5

고난도 [24907-0006] ○ △ ✕

6 두 다항함수 $f(x)$, $g(x)$에 대하여 두 직선 $y=f'(x)$, $y=g'(x)$는 그림과 같고, $f(-1)=g(2)=0$이다.

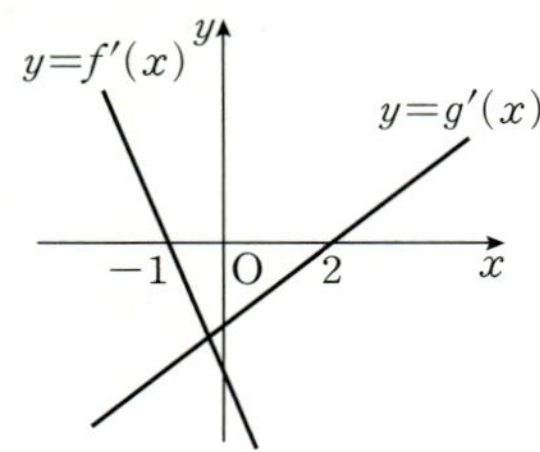

보기에서 옳은 것만을 있는 대로 고른 것은?
(단, 두 직선 $y=f'(x)$, $y=g'(x)$의 y절편은 모두 음수이고, $f'(-1)=g'(2)=0$이다.)

> ┌ 보기 ┐
>
> ㄱ. 함수 $f(x)+g(x)$는 열린구간 $(-1, 2)$에서 감소한다.
>
> ㄴ. 함수 $f(x)g(x)$는 $x=\dfrac{1}{2}$에서 극소이다.
>
> ㄷ. 함수 $h(x)=\begin{cases} \dfrac{f(x)g(x)}{\sqrt{g(x)}} & (x\neq 2) \\ 0 & (x=2) \end{cases}$ 는 $x=-1$, $x=2$에
> 서 극대이다.

① ㄱ   ② ㄴ   ③ ㄱ, ㄴ

④ ㄱ, ㄷ   ⑤ ㄱ, ㄴ, ㄷ

[24907-0007] ○ △ ✕

7 함수 $f(x)$가
$$f(x)=\int (5x-k)\,dx-\int (x+k)\,dx$$
이고 $f(1)=0$, $f'(1)=2$일 때, $f(2)$의 값은?

(단, k는 상수이다.)

① 2   ② 3   ③ 4

④ 5   ⑤ 6

[24907-0008] ○ △ ✕

8 다항함수 $f(x)$가 모든 실수 x에 대하여
$$\int_1^x (3t^4+at^2+bt)\,dt=\int_1^x \{t+f(t)\}\,dt+3x^3+a$$
를 만족시킨다. $f(2)=20$일 때, $a+b$의 값은?

(단, a, b는 상수이다.)

① 2   ② 4   ③ 6

④ 8   ⑤ 10

9 [24907-0009]

그림과 같이 최고차항의 계수가 3인 이차함수 $y=f(x)$의 그래프와 직선 $y=3$은 x좌표가 1, 3인 서로 다른 두 점에서 만난다. 곡선 $y=f(x)$와 직선 $y=3$으로 둘러싸인 부분의 넓이는?

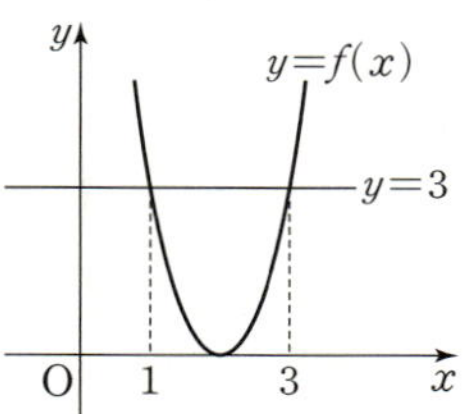

① $\dfrac{11}{3}$ ② 4   ③ $\dfrac{13}{3}$

④ $\dfrac{14}{3}$ ⑤ 5

10 고난도 [24907-0010]

$a>2$일 때, 실수 전체의 집합에서 증가하고 연속인 함수 $f(x)$가 모든 실수 x에 대하여

$$f(-x)=-f(x),\ f(x)=f(x-2)+2a$$

를 만족시킨다. 곡선 $y=f(x)$와 x축 및 직선 $x=1$로 둘러싸인 부분의 넓이가 2일 때, $\displaystyle\int_{3}^{6} f(x)\,dx>100$을 만족시키는 자연수 a의 최솟값을 구하시오.

02 회 미니모의고사

EBS 수능특강 Q 미니모의고사 **수학 Ⅱ**

○ 알고 맞힘 ____ /10   △ 헷갈림 ____ /10   ✕ 모르고 틀림 ____ /10

[24907-0011] ○ △ ✕

1 함수 $y=f(x)$의 그래프가 그림과 같을 때,
$$\lim_{x \to -1+} f(x) + \lim_{x \to 1-} f(x) = \lim_{x \to 2} f(x) + kf(2)$$
이다. 실수 k의 값은?

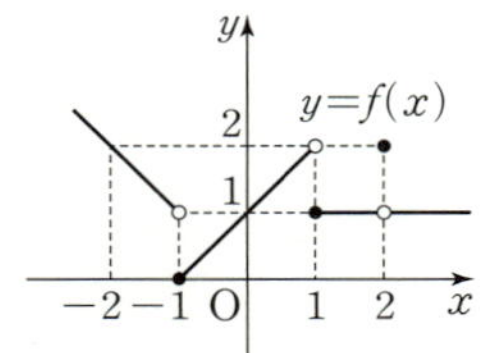

① 0   ② $\dfrac{1}{2}$ ③ 1

④ $\dfrac{3}{2}$ ⑤ 2

고난도 **[24907-0012]** ○ △ ✕

2 함수
$$f(x) = \begin{cases} |x+2|-1 & (x<-1) \\ |x| & (-1 \le x < 1) \\ -|x-2|+1 & (x \ge 1) \end{cases}$$

에 대하여 **보기**에서 옳은 것만을 있는 대로 고른 것은?

> **보기**
>
> ㄱ. 함수 $f(x)$는 $x=-1$과 $x=1$에서 모두 불연속이다.
> ㄴ. 함수 $f(x)\{f(x)+k\}$가 실수 전체의 집합에서 연속이 되
>   도록 하는 상수 k의 값이 존재한다.
> ㄷ. 함수 $f(x)f(x-2)$는 실수 전체의 집합에서 연속이다.

① ㄱ   ② ㄱ, ㄴ   ③ ㄱ, ㄷ

④ ㄴ, ㄷ   ⑤ ㄱ, ㄴ, ㄷ

3 [24907-0013] ○ △ ✕

다항함수 $f(x)$에 대하여 $f(3)=2$이고
$$\lim_{h \to 0} \frac{\{f(3+h)\}^2-\{f(3)\}^2}{2h}=16$$
일 때, $f'(3)$의 값은?

① 6　　　　　② 7　　　　　③ 8

④ 9　　　　　⑤ 10

4 [24907-0014] ○ △ ✕

함수 $f(x)=x^3-6x$에 대하여 곡선 $y=f(x)$ 위의 점 $A(a,\ f(a))$에서의 접선이 곡선 $y=f(x)$와 만나는 점 중에서 점 A가 아닌 점을 $B(b,\ f(b))$라 하자. $b-a=3$일 때, 선분 AB의 길이는? (단, $a<0$)

① $3\sqrt{7}$　　　　② $6\sqrt{2}$　　　　③ 9

④ $3\sqrt{10}$　　　⑤ $3\sqrt{11}$

5 [24907-0015] ○ △ ✕

함수 $f(x)=x^3-ax^2+(a^2-3a)x+1$이 극값을 갖도록 하는 정수 a의 개수는?

① 1　　　　　② 2　　　　　③ 3

④ 4　　　　　⑤ 5

[24907-0016] ○ △ ✕

6 자연수 n에 대하여 닫힌구간 $[-n,\ n]$에서 함수 $f(x)=x^4-4x^2$의 최댓값을 a_n, 최솟값을 b_n이라 하자. $a_n b_n<-100$을 만족시키는 자연수 n의 최솟값을 m이라 할 때, a_m-b_m의 값을 구하시오.

[24907-0017] ○ △ ✕

7 두 다항함수 $f(x)$, $g(x)$가 모든 실수 x에 대하여

$$f'(x)=g'(x)-3x^3+4x,\ g(x)=\int xf(x)dx$$

를 만족시키고, $g(0)=-1$이다. $f(2)+g(2)$의 값은?

① 27 ② 29 ③ 31
④ 33 ⑤ 35

[24907-0018] ○ △ ✕

8 다항함수 $f(x)$에 대하여 $g(x)=xf(x)$라 할 때, 두 함수 $f(x)$, $g(x)$가 다음 조건을 만족시킨다.

> (가) $f(0)=0$이고, 모든 실수 x에 대하여 $f(-x)=f(x)$이다.
>
> (나) $\displaystyle\int_0^2 g'(x)dx=12$
>
> (다) $\displaystyle\int_{-2}^2 x\{f'(x)+1\}^2 dx=32$

$\displaystyle\int_0^2 \{f'(x)+f(x)\}dx$의 값은?

① 10 ② 12 ③ 14
④ 16 ⑤ 18

9 [고난도] [24907-0019] ○ △ ✕

함수 $f(x)=x^3-2x^2$에 대하여 곡선 $y=f(x)$와 x축으로 둘러싸인 부분의 넓이를 P라 하자. 2보다 큰 실수 a에 대하여 곡선 $y=f(x)$ 위의 점 $(a,\ f(a))$와 원점을 지나는 직선을 l이라 하고, 닫힌구간 $[0,\ a]$에서 곡선 $y=f(x)$와 직선 l로 둘러싸인 부분의 넓이를 Q라 하자. $P:Q=1:b$를 만족시키도록 양수 b를 정할 때, $\displaystyle\lim_{a\to\infty}\frac{1}{b}\int_2^a f(x)dx$의 값은?

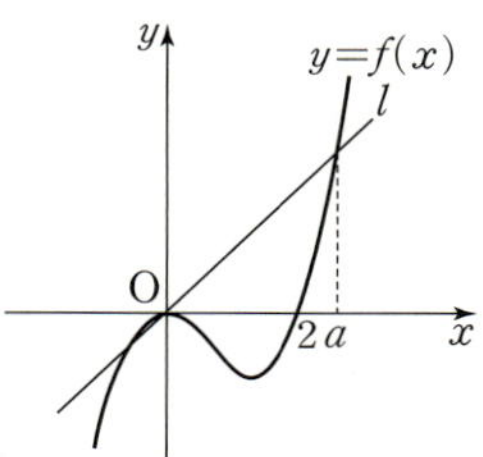

① $\dfrac{2}{3}$ ② $\dfrac{4}{3}$ ③ 2

④ $\dfrac{8}{3}$ ⑤ $\dfrac{10}{3}$

10 [24907-0020] ○ △ ✕

역함수가 존재하는 삼차함수

$$f(x)=-x^3+ax^2-3ax+10$$

의 역함수를 $g(x)$라 하자. 실수 a가 최솟값을 가질 때, $\displaystyle\int_2^{10} g(x)dx$의 값을 구하시오.

03회 미니모의고사

EBS 수능특강 Q 미니모의고사 **수학 Ⅱ**

⭕ 알고 맞힘 ___ /10   🔺 헷갈림 ___ /10   ❌ 모르고 틀림 ___ /10

[24907-0021] ⭕ △ ❌

1 함수 $f(x) = \begin{cases} ax & (x<1) \\ -x+a & (x \geq 1) \end{cases}$ 에 대하여

$\lim\limits_{x \to 1-} 2f(x) - \lim\limits_{x \to 1+} f(x) = 3$일 때, 상수 a의 값은?

① 1   ② 2   ③ 3

④ 4   ⑤ 5

[24907-0022] ⭕ △ ❌

2 상수 a에 대하여 함수

$$f(x) = \begin{cases} x-a & (x<2) \\ ax+3 & (x \geq 2) \end{cases}$$

가 실수 전체의 집합에서 연속일 때, $f(1)+f(3)$의 값은?

① $\dfrac{7}{3}$ ② $\dfrac{8}{3}$ ③ 3

④ $\dfrac{10}{3}$ ⑤ $\dfrac{11}{3}$

[24907-0023] ○ △ ✕

3 다항함수 $f(x)$에 대하여 $\lim\limits_{x \to 1} \dfrac{f(x)-5}{x^2+x-2}=3$일 때, $\lim\limits_{x \to -1} \dfrac{f(x^2)-5}{x+1}$의 값은?

① -21 ② -18 ③ -15

④ -12 ⑤ -9

[24907-0024] ○ △ ✕

4 서로 다른 두 다항함수 $f(x)$, $g(x)$에 대하여 함수

$$h(x)=\begin{cases} f(x) & (x<0) \\ g(x) & (x \geq 0) \end{cases}$$

은 $x=0$에서 미분가능하다.

$\dfrac{1}{h'(0)} \times \lim\limits_{x \to 0} \dfrac{f(x)+2g(x)-3f(0)}{x}$의 값은?

(단, $h'(0) \neq 0$)

① 1 ② $\dfrac{3}{2}$ ③ 2

④ $\dfrac{5}{2}$ ⑤ 3

[24907-0025] ○ △ ✕

고난도

5 함수 $f(x)=\begin{cases} x^3-3x & (x<0) \\ \dfrac{7}{3}x & (x \geq 0) \end{cases}$ 과 양의 실수 t에 대하여

함수 $g(x)=\begin{cases} f(x) & (x<a) \\ f(x-t) & (x \geq a) \end{cases}$ 가 실수 전체의 집합에서 연속이 되도록 하는 모든 실수 a의 개수를 $h(t)$라 하자. 함수 $h(t)$가 $t=\alpha$에서 불연속인 실수 α의 값이 $\dfrac{q}{p}$일 때, $p+q$의 값을 구하시오. (단, p와 q는 서로소인 자연수이다.)

6 그림과 같이 양수 t에 대하여 곡선 $y=x^2-6x+10$ 위의 x좌표가 t인 점을 P, x좌표가 $t+2$인 점을 Q라 하자. 점 P에서 x축, y축에 내린 수선의 발을 각각 P_1, P_2라 하고, 점 Q에서 x축, y축에 내린 수선의 발을 각각 Q_1, Q_2라 하자. 원점 O에 대하여 두 사각형 PP_2OP_1, QQ_2OQ_1의 내부의 공통부분의 넓이를 $f(t)$라 하자. 구간 $(0, a]$에서 함수 $f(t)$의 최댓값이 4가 되도록 하는 양수 a의 최댓값을 M, 최솟값을 m이라 할 때, $M+m$의 값은?

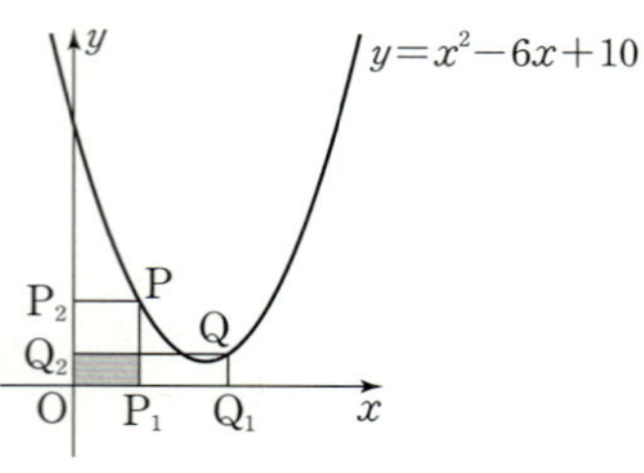

① $2+2\sqrt{2}$ ② $4+\sqrt{2}$ ③ $3+2\sqrt{2}$
④ $5+\sqrt{2}$ ⑤ $4+2\sqrt{2}$

7 최고차항의 계수가 1인 삼차함수 $f(x)$가 다음 조건을 만족시킨다.

> (가) $f(x)$는 $x=1$에서 극솟값을 갖는다.
> (나) $\displaystyle\int_{-1}^{1} x^2 f'(x)\,dx=0$이다.

함수 $f(x)$가 $x=\alpha$에서 극댓값을 가질 때, α의 값은?

① $-\dfrac{1}{5}$ ② $-\dfrac{2}{5}$ ③ $-\dfrac{3}{5}$
④ $-\dfrac{4}{5}$ ⑤ -1

8 삼차함수 $f(x)$의 한 부정적분 $F(x)$가 모든 실수 x에 대하여
$$4F(x)=(x-1)f(x)$$
를 만족시킨다. $\displaystyle\lim_{x\to 0}\frac{f(x)+1}{x}=3$일 때, $f(2)+F(2)$의 값은?

① 1 ② $\dfrac{5}{4}$ ③ $\dfrac{3}{2}$
④ $\dfrac{7}{4}$ ⑤ 2

[24907-0029] ○ △ ✕

9 그림과 같이 직선 $y=-2x+4$와 x축 및 y축으로 둘러싸인 부분의 넓이를 곡선 $y=ax^2$이 이등분할 때, 상수 a의 값은 $p+q\sqrt{10}$이다. $36(p+q)$의 값을 구하시오.

(단, p와 q는 유리수이다.)

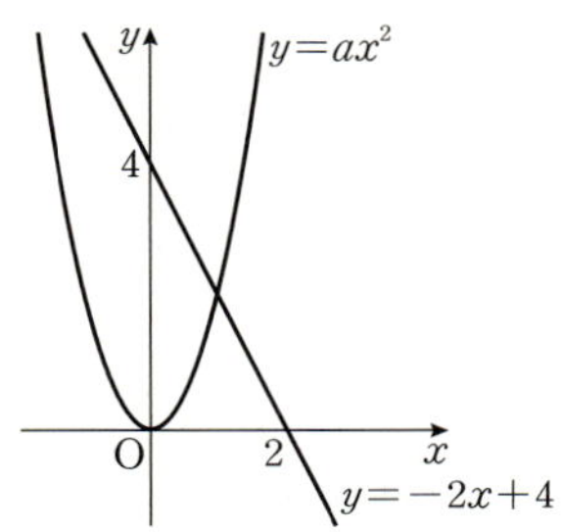

[24907-0030] ○ △ ✕

10 함수 $f(x)=3x^2-6x$에 대하여 그림과 같이 곡선 $y=f(x)\ (x\leq0)$과 직선 $x=-1$ 및 x축으로 둘러싸인 부분의 넓이를 S_1, 곡선 $y=f(x)$와 x축으로 둘러싸인 부분의 넓이를 S_2, 곡선 $y=f(x)\ (x\geq2)$와 직선 $x=k\ (k>2)$ 및 x축으로 둘러싸인 부분의 넓이를 S_3이라 하자. $\dfrac{S_1}{2}$, S_2, $\dfrac{S_3}{9}$이 이 순서대로 등차수열을 이룰 때, 상수 k의 값은?

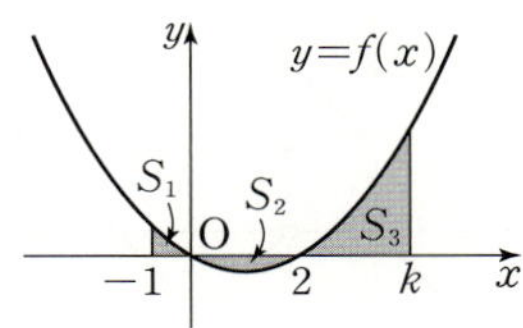

① 4 ② $\dfrac{9}{2}$ ③ 5

④ $\dfrac{11}{2}$ ⑤ 6

04_회 미니모의고사

EBS 수능특강 Q 미니모의고사 **수학 Ⅱ**

○ 알고 맞힘 [   ] /10   △ 헷갈림 [   ] /10   ✕ 모르고 틀림 [   ] /10

[24907-0031] ○ △ ✕

1 함수 $y=f(x)$의 그래프가 그림과 같다.

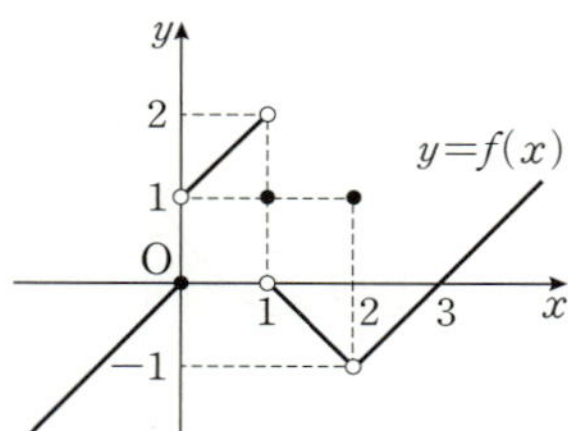

$$\lim_{x \to 0-} f(x) + \lim_{x \to 1+} f(x) + f(2)\text{의 값은?}$$

① -2　　② -1　　③ 0

④ 1　　⑤ 2

고난도　**[24907-0032]** ○ △ ✕

2 실수 전체의 집합에서 정의된 함수 $f(x)$가 다음 조건을 만족시킬 때, $f(2)$의 값은?

> (가) $\lim\limits_{x \to 2} \dfrac{3-f(x)}{x-f(2)}=4$
>
> (나) 함수 $f(x)$는 $x=2$에서 연속이다.

① $\dfrac{4}{3}$　　② $\dfrac{5}{3}$　　③ 2

④ $\dfrac{7}{3}$　　⑤ $\dfrac{8}{3}$

3 [24907-0033] ○ △ ×

함수

$$f(x)=\begin{cases} a(1-x)+b & (x<2) \\ x^3+ax & (x\geq2) \end{cases}$$

가 $x=2$에서 미분가능할 때, $a-b$의 값은?

(단, a, b는 상수이다.)

① 1   ② 2   ③ 3

④ 4   ⑤ 5

고난도

4 [24907-0034] ○ △ ×

최고차항의 계수가 1인 이차함수 $f(x)$에 대하여 두 함수 $g(x)$, $h(x)$를

$$g(x)=f(x)\times f'(x), \quad h(x)=|g(x)|$$

라 하자. 방정식 $f(x)=0$의 서로 다른 두 실근의 합이 2이고 실수 k에 대하여 함수 $y=h(x)$의 그래프와 직선 $y=\dfrac{1}{4}x+k$ 의 교점의 개수가 5가 되도록 하는 실수 k의 최솟값이 0일 때, 실수 k의 최댓값은 $\dfrac{a\sqrt{42}-b}{72}$이다. 두 정수 a, b의 합 $a+b$의 값을 구하시오.

---

5 [24907-0035] ○ △ ×

함수 $f(x)=x^3-2x$에 대하여 곡선 $y=f(x)$ 위의 점 A$(-1, 1)$에서의 접선이 이 곡선과 만나는 점 중 A가 아닌 점을 B$(b, f(b))$라 하자. 직선 $x=k$ $(-1<k<b)$가 곡선 $y=f(x)$와 만나는 점을 P$_k$라 할 때, 삼각형 AP$_k$B의 넓이의 최댓값은?

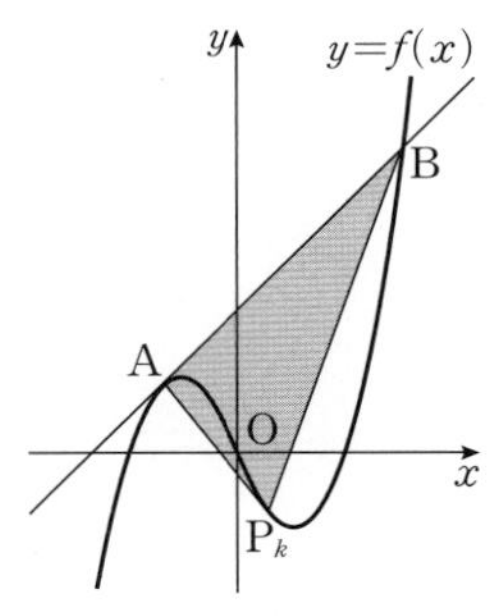

① 5   ② $\dfrac{21}{4}$ ③ $\dfrac{11}{2}$

④ $\dfrac{23}{4}$ ⑤ 6

6 [24907-0036]

함수 $f(x)=\dfrac{1}{2}x^4-2x^3+k$일 때, 모든 실수 x에 대하여 부등식 $f(2\sin x)\geq 16\sin^2 x$가 성립하도록 하는 실수 k의 최솟값은?

① 21 ② 22 ③ 23
④ 24 ⑤ 25

7 [24907-0037]

다항함수 $f(x)$에 대하여 $f'(x)=2x-4$이다. $f(2)=0$일 때, $f(1)$의 값은?

① 1 ② 2 ③ 3
④ 4 ⑤ 5

8 [24907-0038]

함수
$$f(x)=\int_0^x x(2t+a)\,dt$$
에 대하여 $f'(1)=5$일 때, 상수 a의 값은?

① 1 ② 2 ③ 3
④ 4 ⑤ 5

[24907-0039]　○ △ ✕

9 함수 $f(x)=x^3-6x^2+12x-12$의 역함수를 $g(x)$라 하자. 두 곡선 $y=f(x)$, $y=g(x)$ 및 x축으로 둘러싸인 부분의 넓이를 S라 할 때, $S-\displaystyle\int_0^4 g(x)dx$의 값을 구하시오.

[24907-0040]　○ △ ✕

10 원점을 동시에 출발하여 수직선 위를 움직이는 두 점 P, Q의 시각 t $(t\geq0)$에서의 속도가 각각 $v_1(t)=t^2-2t+9$, $v_2(t)=2t+\dfrac{19}{3}$이다. 두 점 P, Q가 출발 후 첫 번째 만날 때부터 두 번째 만날 때까지 점 Q가 움직인 거리는?

① 24　　　② $\dfrac{73}{3}$　　　③ $\dfrac{74}{3}$

④ 25　　　⑤ $\dfrac{76}{3}$

05 _회 미니모의고사

EBS 수능특강 Q 미니모의고사 **수학 Ⅱ**

○ 알고 맞힘 ___ /10   △ 헷갈림 ___ /10   ✕ 모르고 틀림 ___ /10

[24907-0041]   ○ | △ | ✕

1 함수 $y=f(x)$의 그래프가 그림과 같다.
$\displaystyle\lim_{x\to -1+} f(x)+\lim_{x\to 2-} f(x)$의 값은?

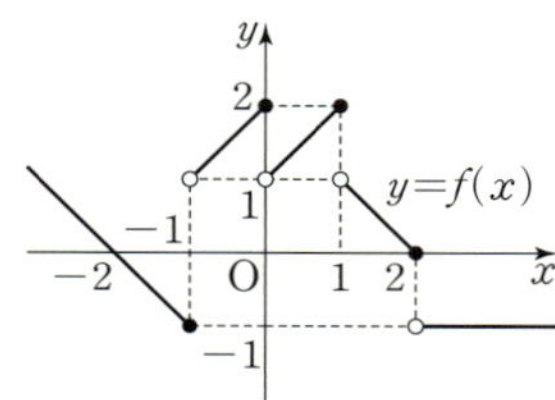

① -2　　② -1　　③ 0
④ 1　　⑤ 2

[24907-0042]   ○ | △ | ✕

2 최고차항의 계수가 1인 이차함수 $f(x)$에 대하여
$\displaystyle\lim_{x\to -2} \frac{(x+1)f(x)}{x+2}=0$일 때, $f(3)$의 값은?

① 22　　② 23　　③ 24
④ 25　　⑤ 26

3 다항함수 $f(x)$가 $\displaystyle\lim_{x \to 0} \frac{f(x)+2x^2}{f(x)-x}=3$을 만족시킬 때,

$f'(0)$의 값은? (단, $f'(0)\neq 1$)

① $\dfrac{1}{6}$ 　　② $\dfrac{1}{2}$ 　　③ $\dfrac{5}{6}$

④ $\dfrac{7}{6}$ 　　⑤ $\dfrac{3}{2}$

[24907-0044]

4 함수

$$f(x)=\begin{cases} ax^2+x-3 \ (x<-1) \\ bx+1 \quad (x\geq-1) \end{cases}$$

이 실수 전체의 집합에서 미분가능할 때, $f(2)-f(-2)$의 값은? (단, a, b는 상수이다.)

① 32 　　② 34 　　③ 36

④ 38 　　⑤ 40

[24907-0045]

5 서로 다른 2개의 동전을 동시에 2번 던졌을 때, $k \ (k=1,\ 2)$번째에서 앞면이 나온 동전의 개수를 a_k라 하자. 함수 $f(x)=(x-a_1)(x-a_2)(x-2)$가 극댓값 M을 가질 때, M의 최댓값은 $\dfrac{q}{p}$이다. $p+q$의 값을 구하시오.

(단, p와 q는 서로소인 자연수이다.)

고난도 [24907-0046] ○ △ ✕

6 삼차함수 $f(x)=x^3-3x^2+ax$에 대하여 함수
$g(x)=f(x)-f(1)$이라 하자. 실수 k에 대하여 방정식
$|g(x)|=g(k)$의 서로 다른 실근의 개수를 $h(k)$라 할 때,
$h(7)=4$이다. **보기**에서 옳은 것만을 있는 대로 고른 것은?
(단, a는 상수이다.)

┌─ 보기 ─────────────────────────┐
ㄱ. 함수 $g(x)$의 극댓값을 M, 극솟값을 m이라 할 때
　　$M+m=0$이다.
ㄴ. 집합 $\{h(k)|k$는 실수$\}$의 원소의 개수는 5이다.
ㄷ. $g'(0)=-24$이다.
└────────────────────────────┘

① ㄱ　　　　　② ㄷ　　　　　③ ㄱ, ㄴ

④ ㄴ, ㄷ　　　　⑤ ㄱ, ㄴ, ㄷ

[24907-0047] ○ △ ✕

7 실수 전체의 집합에서 연속인 함수 $f(x)$의 도함수 $f'(x)$가

$$f'(x)=\begin{cases}x^3-4x & (|x|>1)\\ 2x+2 & (|x|<1)\end{cases}$$

이고, 함수 $y=f(x)$의 그래프가 점 $\left(0,\ \dfrac{9}{4}\right)$를 지날 때, 함수
$f(x)$의 모든 극솟값의 합은?

① 0　　　　　② $\dfrac{1}{2}$　　　　　③ 1

④ $\dfrac{3}{2}$　　　　　⑤ 2

[24907-0048] ○ △ ✕

8 두 다항함수 $f(x)$, $g(x)$에 대하여

$$f(x)=3x^2+x\int_0^2 g(t)dt,\quad g(x)=-5x+\int_0^2 f(t)dt$$

일 때, 방정식 $f(x)=g(x)$의 모든 실근의 합은?

① -1　　　　　② $-\dfrac{4}{3}$　　　　　③ $-\dfrac{5}{3}$

④ -2　　　　　⑤ $-\dfrac{7}{3}$

[24907-0049] ○ △ ✕

9 양수 a에 대하여 함수 $f(x)=x^3-ax$의 그래프와 x축으로 둘러싸인 부분의 넓이가 18일 때, $f(-1)$의 값은?

① 4 　　② $\dfrac{9}{2}$ 　　③ 5

④ $\dfrac{11}{2}$ 　　⑤ 6

고난도 **[24907-0050]** ○ △ ✕

10 최고차항의 계수가 양수이고 $f(0)=12$인 삼차함수 $f(x)$와 일차함수 $g(x)$가 다음 조건을 만족시킬 때, $f(1)+g(1)$의 값은?

(단, $0\le x\le 3$에서 $f(x)\ge g(x)\ge 0$이다.)

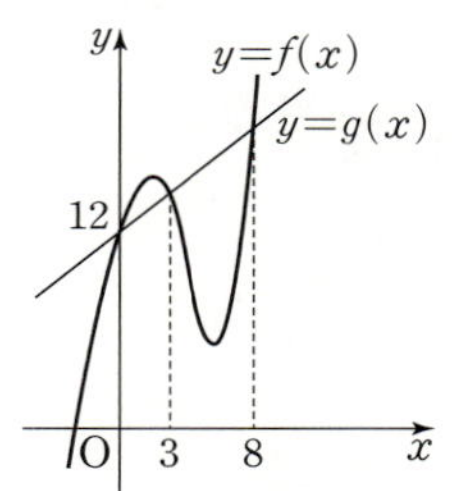

> (가) 곡선 $y=f(x)$와 직선 $y=g(x)$는 서로 다른 세 점에서 만나고 이 세 점의 x좌표는 각각 0, 3, 8이다.
> (나) 닫힌구간 $[0,\ 3]$에서 곡선 $y=f(x)$와 직선 $y=g(x)$로 둘러싸인 부분의 넓이는 13이다.
> (다) 닫힌구간 $[0,\ 3]$에서 곡선 $y=-f(x)$와 직선 $y=g(x)$ 및 두 직선 $x=0$, $x=3$으로 둘러싸인 부분의 넓이는 94이다.

① $\dfrac{286}{9}$ 　　② 32 　　③ $\dfrac{290}{9}$

④ $\dfrac{292}{9}$ 　　⑤ $\dfrac{98}{3}$

06_회 미니모의고사

EBS 수능특강 Q 미니모의고사 **수학 Ⅱ**

○ 알고 맞힘 ___ /10   △ 헷갈림 ___ /10   ✕ 모르고 틀림 ___ /10

[24907-0051]   ○ △ ✕

1 $\lim\limits_{x \to 0} \dfrac{10x - x^2}{\sqrt{1+x} - \sqrt{1-x}}$ 의 값은?

① 4　　　　② 6　　　　③ 8

④ 10　　　　⑤ 12

[24907-0052]   ○ △ ✕

2 최고차항의 계수가 1인 이차함수 $f(x)$에 대하여 함수 $g(x)$를

$$g(x) = \begin{cases} 3x+1 & (x<1) \\ f(x) & (x \geq 1) \end{cases}$$

이라 하자. 함수 $g(x)$는 실수 전체의 집합에서 연속이고, 함수 $g(x)$의 역함수가 존재하도록 하는 모든 함수 $f(x)$에 대하여 $f(2)$의 최솟값은?

① 1　　　　② 2　　　　③ 3

④ 4　　　　⑤ 5

[24907-0053] ○ △ ×

3 다항함수 $f(x)$에 대하여 $\lim\limits_{h \to 0}\dfrac{f(2+h)-f(2)}{h}=1$일 때, $\lim\limits_{h \to 0}\dfrac{f(2+2h)-f(2-h)}{h}$의 값은?

① 0 　　② 1 　　③ 2

④ 3 　　⑤ 4

[24907-0054] ○ △ ×

4 최고차항의 계수가 1인 삼차함수 $f(x)$가 다음 조건을 만족시킬 때, $f(3)$의 값은?

> (가) $f(0)-2=f'(0)=0$
> (나) 5는 방정식 $f(x)=2$의 실근이다.

① -20 　　② -18 　　③ -16

④ -14 　　⑤ -12

고난도 [24907-0055] ○ △ ×

5 좌표평면 위에 네 점 $(0, 0)$, $(2, 0)$, $(2, 2)$, $(0, 2)$를 꼭짓점으로 하는 정사각형이 있다. 실수 t에 대하여 직선 $y=t-x$의 아랫부분과 정사각형의 내부가 겹치는 부분의 넓이를 $f(t)$라 하자. 함수 $|f(x)-mx|$가 $x=0$에서만 미분가능하지 않도록 하는 양의 실수 m의 최솟값이 $a+b\sqrt{2}$일 때, $a^{2}+b^{2}$의 값을 구하시오. (단, a, b는 유리수이다.)

6 수직선 위를 움직이는 점 P의 시각 $t\ (t \geq 0)$에서의 위치 x가
$$x = -t^4 + 8t^3 + 6t$$
이다. 점 P의 가속도가 최대인 시각에서의 점 P의 속도를 구하시오.

[24907-0056]

7 상수함수가 아닌 다항함수 $f(x)$가 다음 조건을 만족시킬 때, $f(2)$의 값은?

[24907-0057]

(가) $\displaystyle\int \{f'(x)\}^2 dx = \int (2x-1)f'(x)dx$

(나) $\displaystyle\int_0^1 f(x)dx = \int_0^2 f(x)dx$

① $\dfrac{1}{6}$ ② $\dfrac{1}{2}$ ③ $\dfrac{5}{6}$

④ $\dfrac{7}{6}$ ⑤ $\dfrac{3}{2}$

8 다항함수 $f(x)$가 모든 실수 x에 대하여
$$f(x) = 4x^3 + 2x + \int_{-1}^{2} f(t)dt$$
를 만족시킨다.
$$\lim_{x \to a} \frac{1}{x-a}\int_a^x f(t)dt = -15$$
일 때, 상수 a의 값은?

[24907-0058]

① -2 ② -1 ③ 0

④ 1 ⑤ 2

고난도

9 두 사차함수 $f(x)$, $g(x)$의 최고차항의 계수는 모두 1이고, $f(x)$와 $g(x)$가 다음 조건을 만족시킨다.

> (가) 두 함수 $y=f(x)$와 $y=g(x)$의 그래프는 세 점에서 만나고, 만나는 세 점의 x좌표는 각각 -2, 0, 2이다.
>
> (나) 모든 실수 x에 대하여 $g(-x)=g(x)$이다.
>
> (다) $\displaystyle\int_0^1 f(x)dx=\frac{37}{30}$, $\displaystyle\int_0^{-1} g(x)dx=\frac{34}{15}$

두 곡선 $y=f(x)$와 $y=g(x)$로 둘러싸인 부분의 넓이는?

① 8   ② 12   ③ 16

④ 20   ⑤ 24

10 함수 $f(x)$가 다음 조건을 만족시킨다.

> (가) $0\le x<2$일 때, $f(x)=-x^2+\dfrac{5}{2}x+1$
>
> (나) 모든 실수 x에 대하여 $f(x+2)=f(x)+1$이다.

닫힌구간 $[0,\,10]$에서 곡선 $y=f(x)$와 직선 $y=\dfrac{3}{5}x$ 및 y축으로 둘러싸인 부분의 넓이를 S라 하면 $S=\dfrac{q}{p}$이다. $p+q$의 값을 구하시오. (단, p와 q는 서로소인 자연수이다.)

07회 미니모의고사

EBS 수능특강 Q 미니모의고사 **수학Ⅱ**

○ 알고 맞힘 ___ /10   △ 헷갈림 ___ /10   ✕ 모르고 틀림 ___ /10

[24907-0061] ○ | △ | ✕

1 함수 $f(x)$에 대하여

$\displaystyle\lim_{x \to 2}\frac{f(x)}{x-2}=3$일 때, $\displaystyle\lim_{x \to 2}\frac{f(x)}{x^2-4}$의 값은?

① $\dfrac{1}{4}$　　　　② $\dfrac{1}{2}$　　　　③ $\dfrac{3}{4}$

④ 1　　　　⑤ $\dfrac{5}{4}$

고난도 [24907-0062] ○ | △ | ✕

2 이차항의 계수가 양수인 이차함수 $f(x)$에 대하여 함수

$$g(x)=\begin{cases} \dfrac{1}{2} & (x<1) \\[2mm] \dfrac{1}{f(x)} & (1\le x \le 3) \\[2mm] \dfrac{1}{6} & (x>3) \end{cases}$$

이 실수 전체의 집합에서 연속이다. 함수 $y=f(x)$의 그래프가 y축과 만나는 점의 좌표를 $(0,\ k)$라 할 때, 자연수 k의 최댓값을 구하시오.

[24907-0063] ○ △ ✕

3 함수 $f(x)=x^3-x$에서 x의 값이 -2에서 1까지 변할 때의 평균변화율은?

① $\dfrac{2}{3}$ 　　② 1 　　③ $\dfrac{4}{3}$

④ $\dfrac{5}{3}$ 　　⑤ 2

[24907-0064] ○ △ ✕

4 두 함수 $f(x)=x^3+3x-2$, $g(x)=x^2+ax+b$에 대하여 두 곡선 $y=f(x)$, $y=g(x)$가 점 $\mathrm{A}(1,\ 2)$에서 만나고, 곡선 $y=f(x)$ 위의 점 A에서의 접선이 곡선 $y=g(x)$ 위의 점 A에서의 접선과 일치할 때, $g(-1)$의 값은?

(단, a, b는 상수이다.)

① -5 　　② -6 　　③ -7

④ -8 　　⑤ -9

[24907-0065] ○ △ ✕

5 다음 조건을 만족시키는 모든 다항함수 $f(x)$에 대하여 $f(3)$의 최댓값을 M, 최솟값을 m이라 할 때, $M-m$의 값을 구하시오.

(가) 함수 $y=f(x)$의 그래프가 원점을 지난다.
(나) 모든 실수 x에 대하여 $|f'(x)|\leq4$이다.

6 [24907-0066] ○ △ ✕

최고차항의 계수가 1인 삼차함수 $f(x)$가 다음 조건을 만족시킨다.

> (가) 함수 $y=f(x)$의 그래프를 x축의 방향으로 2만큼, y축의 방향으로 1만큼 평행이동한 그래프는 x축과 서로 다른 두 점에서 만난다.
> (나) $x \leq a$인 모든 실수 x에 대하여 부등식 $f(x) \leq -1$이 성립하도록 하는 실수 a의 최댓값은 2이다.

$f(-2)=-5$일 때, $f(3)$의 최댓값은?

① 15 ② 20 ③ 25
④ 30 ⑤ 35

7 [24907-0067] ○ △ ✕

최고차항의 계수가 1인 삼차함수 $f(x)$가 다음 조건을 만족시킨다.

> (가) $\displaystyle\lim_{x \to 1} \frac{f(x)}{x-1} = -3$
> (나) 실수 a에 대하여 $\displaystyle\int_0^a f'(x)\,dx = \int_1^a f'(x)\,dx = 0$이다.

$\displaystyle\int_0^1 f(x)\,dx$의 값은?

① $\dfrac{5}{12}$ ② $\dfrac{1}{2}$ ③ $\dfrac{7}{12}$
④ $\dfrac{2}{3}$ ⑤ $\dfrac{3}{4}$

8 고난도 [24907-0068] ○ △ ✕

삼차함수 $f(x)$의 한 부정적분을 $F(x)$라 할 때, 함수 $F(x)$의 사차항의 계수는 1이고, 함수 $y=F(x)$의 그래프는 그림과 같이 두 점 $(a,\,0)$, $(b,\,0)$에서 x축에 접한다. $F(p)=32$일 때, 두 함수

$$S(x)=\int_p^x f(t)\,dt,\quad T(x)=\int_p^x |f(t)|\,dt$$

가 다음 조건을 만족시킨다.

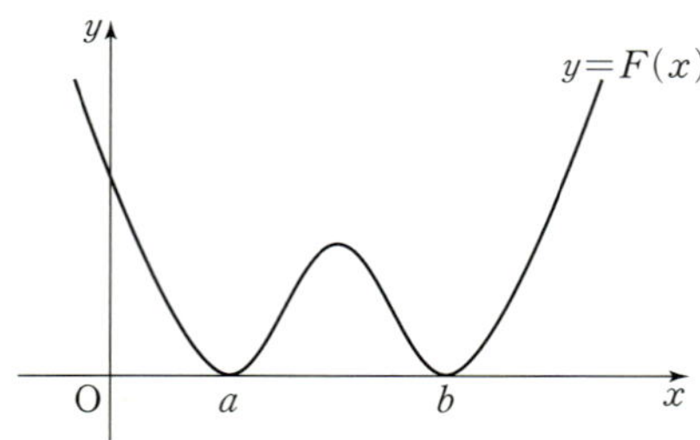

> (가) 두 함수 $y=F(x)$, $y=|S(x)|$의 그래프의 한 교점 $(k,\,F(k))$에서의 접선의 기울기가 서로 같다.
> (나) $S(3)+T(3)=S(5)+T(5)$

$f(2)$의 값은? (단, p는 상수이고, $0<a<3<b$이다.)

① 12 ② 16 ③ 20
④ 24 ⑤ 28

[24907-0069] ○ △ ✕

9 함수 $f(x)=x^3-4x^2+5x$에 대하여 함수 $y=f(x)$의 그래프를 직선 $y=x$에 대하여 대칭이동한 곡선을 A라 하자. 함수 $y=f(x)$의 그래프와 곡선 A로 둘러싸인 부분의 넓이를 S_1, 함수 $y=f(x)$의 그래프와 곡선 A 및 직선 $y=-x+9$로 둘러싸인 부분의 넓이를 S_2라 할 때, S_1+S_2의 값은?

① 6   ② 7   ③ 8

④ 9   ⑤ 10

[24907-0070] ○ △ ✕

10 최고차항의 계수가 1인 삼차함수 $f(x)$에 대하여 함수 $g(x)$를

$$g(x)=f(x)-|f(x)|$$

라 하고, 함수 $h(x)$를

$$h(x)=\int_0^x g(t)\,dt$$

라 할 때, 두 함수 $g(x)$와 $h(x)$가 다음 조건을 만족시킨다.

> (가) $g(0)=0$
> (나) 방정식 $h(x)=0$의 실근은 $x=0$뿐이다.

$f(1)=-1$일 때, 곡선 $y=f(x)$와 x축으로 둘러싸인 부분의 넓이는?

① $\dfrac{7}{6}$ ② $\dfrac{4}{3}$ ③ $\dfrac{3}{2}$

④ $\dfrac{5}{3}$ ⑤ $\dfrac{11}{6}$

08 회 미니모의고사

EBS 수능특강 Q 미니모의고사 **수학 Ⅱ**

○ 알고 맞힘 ___ /10   △ 헷갈림 ___ /10   ✕ 모르고 틀림 ___ /10

[24907-0071]   ○ △ ✕

1 $\lim\limits_{x \to -1} \dfrac{x^2-4x-5}{2x^2+ax+4}=b$일 때, $a+b$의 값은?

(단, a, b는 상수이고, $b \neq 0$이다.)

① 3   ② 4   ③ 5

④ 6   ⑤ 7

[24907-0072]   ○ △ ✕

2 다항함수 $f(x)$가

$$\lim_{x \to 2} \frac{xf(x)}{(x-2)^2}=12, \quad \lim_{x \to \infty} \frac{f(x)}{2x^3+3}=2$$

를 만족시킬 때, $f(3)$의 값은?

① 6   ② 7   ③ 8

④ 9   ⑤ 10

[24907-0073]   ○ △ ✕

3 이차함수 $f(x)$가 다음 조건을 만족시킬 때, $f'(1)$의 값은?

> (가) $\displaystyle\lim_{x \to \infty} \dfrac{\{f(x)\}^2}{3x^2 f(x) + f(x^2)} = 3$
>
> (나) $\displaystyle\lim_{x \to 0} \dfrac{f(x)}{x} = 2$

① 24 ② 26 ③ 28
④ 30 ⑤ 32

고난도

[24907-0074]   ○ △ ✕

4 함수 $f(x) = x^3 + 3x$에 대하여 두 점 $\mathrm{A}(0,\ f(0))$, $\mathrm{B}(3,\ f(3))$을 지나는 직선의 기울기와 곡선 $y = f(x)$ 위의 점 $\mathrm{C}(c,\ f(c))\ (0 < c < 3)$에서의 접선의 기울기가 서로 같을 때, 곡선 $y = f(x)$ 위의 점 C에서의 접선을 l이라 하자. 직선 l이 곡선 $y = -x^2 + 6x + k$와 서로 다른 두 점 D, E에서 만나고 $\overline{\mathrm{AB}} = \overline{\mathrm{DE}}$일 때, $k = p + q\sqrt{3}$이다. $p - q$의 값은?

(단, k는 상수이고, p, q는 유리수이다.)

① $-\dfrac{1}{4}$ ② $-\dfrac{1}{2}$ ③ $-\dfrac{3}{4}$
④ -1 ⑤ $-\dfrac{5}{4}$

[24907-0075]   ○ △ ✕

5 최고차항의 계수가 1인 삼차함수 $f(x)$가 다음 조건을 만족시킬 때, $f(2)$의 최솟값은?

> (가) 곡선 $y = f(x)$ 위의 점 $(0,\ f(0))$에서의 접선이 점 $(-1,\ 0)$을 지난다.
>
> (나) $x_1 \ne x_2$인 모든 실수 x_1, x_2에 대하여 $f(x_1) \ne f(x_2)$이다.

① 1 ② 2 ③ 3
④ 4 ⑤ 5

[24907-0076] ○ △ ✕

6 함수 $f(x)=x^3-3x^2+a$가 닫힌구간 $[0, 4]$에서 최솟값 0, 최댓값 M을 갖는다. M의 값을 구하시오.

(단, a는 상수이다.)

[24907-0077] ○ △ ✕

7 함수 $f(x)=2x^2+6ax+10$에 대하여

$$\int_0^1 \{f(x)+x^2\} \, dx = f(1)$$

이 성립할 때, 상수 a의 값은?

① -1 ② $-\dfrac{5}{6}$ ③ $-\dfrac{2}{3}$

④ $-\dfrac{1}{2}$ ⑤ $-\dfrac{1}{3}$

[24907-0078] ○ △ ✕

8 $f(0)=1$인 삼차함수 $f(x)$에 대하여 함수 $g(x)$를

$$g(x)=\int_{-x}^{x} f(t) \, dt$$

라 할 때, **보기**에서 옳은 것만을 있는 대로 고른 것은?

> **보기**
>
> ㄱ. 모든 실수 x에 대하여 $g(-x)=-g(x)$이다.
>
> ㄴ. 모든 실수 x에 대하여 $f'(-x)=f'(x)$이면 $g(1)=2$이다.
>
> ㄷ. $g(1)=0$이면 $\displaystyle\int_0^1 g(x)\,dx=1$이다.

① ㄱ   ② ㄷ   ③ ㄱ, ㄴ

④ ㄴ, ㄷ   ⑤ ㄱ, ㄴ, ㄷ

9 [24907-0079] ○ △ ✕

삼차함수 $f(x)=x^3-6x^2+32$의 그래프 위의 점 $(1, 27)$에서의 접선과 삼차함수 $y=f(x)$의 그래프로 둘러싸인 부분의 넓이는?

① $\dfrac{13}{2}$ 　② $\dfrac{27}{4}$ 　③ 7

④ $\dfrac{29}{4}$ 　⑤ $\dfrac{15}{2}$

10 고난도 [24907-0080] ○ △ ✕

최고차항의 계수가 양수인 삼차함수 $f(x)$가 다음 조건을 만족시킨다.

(가) $f'(2)=0$, $f'(-2)=0$
(나) $f(2)f(-2)\leq 0$
(다) $f(2)f(-2)<0$이면 $f(0)=0$이다.

두 곡선 $y=f(x)$, $y=-f(x)$로 둘러싸인 부분의 넓이가 24일 때, $f(1)$의 최솟값과 최댓값의 합은?

① $-\dfrac{22}{9}$ 　② $-\dfrac{17}{9}$ 　③ $-\dfrac{4}{3}$

④ $-\dfrac{7}{9}$ 　⑤ $-\dfrac{2}{9}$

09_회 미니모의고사

EBS 수능특강 Q 미니모의고사 **수학 II**

○ 알고 맞힘 　 /10　△ 헷갈림 　 /10　✕ 모르고 틀림 　 /10

[24907-0081]　○ △ ✕

1 $x > -7$에서 정의된 함수 $f(x) = \begin{cases} \dfrac{a}{x+7} & (-7 < x < 1) \\ x+2 & (x \geq 1) \end{cases}$

에 대하여 극한값 $\lim\limits_{x \to 1} f(x)$가 존재하고 $\lim\limits_{x \to b+} f(x) = \infty$이다. $a+b$의 값은? (단, a, b는 상수이다.)

① 13　　　② 15　　　③ 17

④ 19　　　⑤ 21

고난도　　[24907-0082]　○ △ ✕

2 실수 전체의 집합에서 연속이고 모든 실수 x에 대하여 $f(x) > 0$인 함수 $f(x)$와 $\lim\limits_{x \to 1+} g(x) > \lim\limits_{x \to 1-} g(x)$인 함수 $g(x)$가 있다. 두 함수 $f(x)$, $g(x)$가 다음 조건을 만족시킬 때, $10f(1)$의 값을 구하시오.

(가) 함수 $|f(x)g(x)|$는 실수 전체의 집합에서 연속이다.
(나) $x < 1$일 때 $f(x)g(x) = x^2 - 2x - 8$이고, $x > 1$일 때 $\dfrac{g(x)}{f(x)} = 3x + 1$이다.

3 두 다항함수 $f(x)$, $g(x)$가

$$\lim_{x \to 1} \frac{f(x)+3}{x-1}=4, \quad \lim_{x \to 1} \frac{f(x)+g(x)}{x-1}=10$$

을 만족시킨다. $g(1)+g'(1)$의 값은?

① 6   ② 7   ③ 8

④ 9   ⑤ 10

4 함수 $f(x)=x^3-ax^2+ax$가 임의의 서로 다른 두 실수 x_1, x_2에 대하여 $(x_1-x_2)\{f(x_1)-f(x_2)\}>0$을 만족시키도록 하는 모든 정수 a의 개수는?

① 1   ② 2   ③ 3

④ 4   ⑤ 5

5 최고차항의 계수가 1인 사차함수 $f(x)$가 다음 조건을 만족시킨다.

> (가) 모든 실수 x에 대하여 $f'(x)=-f'(-x)$이다.
> (나) $x=2$에서 극솟값을 갖는다.

함수 $y=f(x)$가 $x=\alpha$, $x=\beta$에서 극값을 가질 때 세 점 $(\alpha,\ f(\alpha))$, $(\beta,\ f(\beta))$, $(2,\ f(2))$를 꼭짓점으로 하는 삼각형의 넓이는? (단, $\alpha \neq 2$, $\beta \neq 2$)

① 30   ② 32   ③ 34

④ 36   ⑤ 38

[24907-0086] ○ △ ✕

6 수직선 위를 움직이는 두 점 P, Q의 시각 t $(t>0)$에서의 위치를 각각 $f(t)$, $g(t)$라 하면

$$f(t)=\frac{1}{3}t^3+t^2+a,\ g(t)=2t^2+3t$$

이다. 두 점 P, Q의 속도가 같아지는 순간 두 점 P, Q 사이의 거리가 12가 되도록 하는 모든 상수 a의 값의 합을 구하시오.

[24907-0087] ○ △ ✕

7 다항함수 $f(x)$에 대하여 $f'(x)=x^2-2x$이고, 함수 $f(x)$의 극댓값이 3일 때, 함수 $f(x)$의 극솟값은?

① $\frac{1}{3}$　　　② $\frac{2}{3}$　　　③ 1

④ $\frac{4}{3}$　　　⑤ $\frac{5}{3}$

[24907-0088] ○ △ ✕

8 함수 $f(x)=\begin{cases} x+2 & (x<0) \\ 3x+1 & (x\geq 0) \end{cases}$에 대하여 함수 $g(x)$를

$$g(x)=\int_{-1}^{x} tf(t)dt$$

라 할 때, $g(-3)+g(2)$의 값은?

① 8　　　② $\frac{25}{3}$　　　③ $\frac{26}{3}$

④ 9　　　⑤ $\frac{28}{3}$

 [24907-0089] ○ △ ✕

9 수직선 위를 움직이는 점 P의 시각 t에서의 속도 $v(t)$가 $v(t)=-t^2+4t$이고, 시각 $t=0$에서 점 P의 위치는 원점이다. 음이 아닌 실수 a에 대하여 시각 $t=a$에서 $t=a+2$까지 점 P가 움직인 거리를 $f(a)$라 할 때, **보기**에서 옳은 것만을 있는 대로 고른 것은?

> **보기**
>
> ㄱ. $f(1)=\dfrac{22}{3}$
>
> ㄴ. $\displaystyle\lim_{a\to\infty}\dfrac{f(a)}{a^2}=2$
>
> ㄷ. 함수 $f(a)$는 $a=2+2\sqrt{3}$에서 최솟값을 갖는다.

① ㄱ   ② ㄷ   ③ ㄱ, ㄴ

④ ㄴ, ㄷ   ⑤ ㄱ, ㄴ, ㄷ

[24907-0090] ○ △ ✕

10 수직선 위를 움직이는 점 P의 시각 t $(t\geq0)$에서의 속도 $v(t)$가

$$v(t)=3t^2-4t+k$$

이다. 시각 $t=0$에서의 점 P의 위치는 0이고 시각 $t=1$에서의 점 P의 위치는 -5이다. 점 P가 시각 $t=0$일 때부터 움직이는 방향이 바뀔 때까지 움직인 거리는? (단, k는 상수이다.)

① 4   ② 5   ③ 6

④ 7   ⑤ 8

10회 미니모의고사

EBS 수능특강 Q 미니모의고사 **수학 Ⅱ**

○ 알고 맞힘 　/10　△ 헷갈림 　/10　✕ 모르고 틀림 　/10

[24907-0091] ○ △ ✕

1 함수 $y=f(x)$의 그래프가 그림과 같다. 정수 $a\,(-4<a<4)$에 대하여

$$\lim_{x\to a-} f(x) \times \lim_{x\to a+} f(x) \leq 0$$

을 만족시키는 모든 a의 개수는?

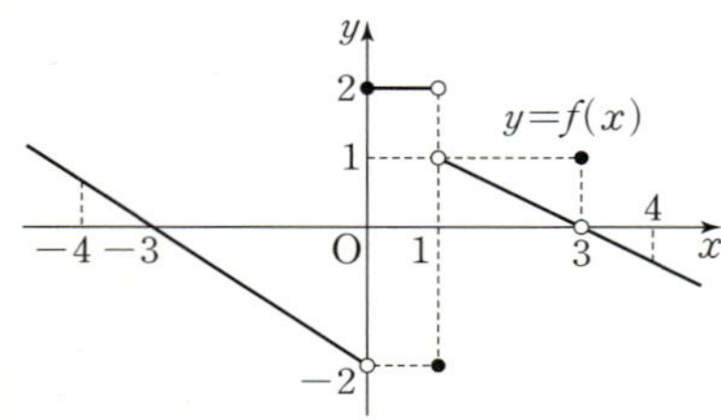

① 2　　　　② 3　　　　③ 4

④ 5　　　　⑤ 6

[24907-0092] ○ △ ✕

2 함수

$$f(x)=\begin{cases} \dfrac{\sqrt{x^2+3}-2}{x-1} & (x\neq 1) \\[2mm] a & (x=1) \end{cases}$$

이 $x=1$에서 연속일 때, 상수 a의 값은?

① $\dfrac{1}{4}$　　　　② $\dfrac{1}{2}$　　　　③ $\dfrac{3}{4}$

④ 1　　　　⑤ $\dfrac{5}{4}$

[24907-0093] ○ △ ✕

3 다항함수 $f(x)$에 대하여 곡선 $y=(2x+1)f(x)$ 위의 점 $(2, 5)$에서의 접선의 기울기가 3일 때, 곡선 $y=f(x)$ 위의 점 $(2, a)$에서의 접선의 기울기는 b이다. $a+b$의 값은?

① $\dfrac{11}{10}$ ② $\dfrac{6}{5}$ ③ $\dfrac{13}{10}$

④ $\dfrac{7}{5}$ ⑤ $\dfrac{3}{2}$

[24907-0094] ○ △ ✕

4 곡선 $y=x^4-24x+22$ 위의 점 P에서의 접선의 기울기가 8일 때, 이 접선의 y절편은?

① -26 ② -21 ③ -16

④ -11 ⑤ -6

고난도 **[24907-0095]** ○ △ ✕

5 곡선 $y=x^4-\dfrac{3}{2}x^2-x+2$ 위의 제1사분면에 있는 점 P에서 x축, y축에 내린 수선의 발을 각각 Q, R라 할 때, 사각형 OQPR의 둘레의 길이의 최솟값은? (단, O는 원점이다.)

① $\dfrac{19}{8}$ ② $\dfrac{21}{8}$ ③ $\dfrac{23}{8}$

④ $\dfrac{25}{8}$ ⑤ $\dfrac{27}{8}$

6 수직선 위를 움직이는 점 P의 시각 t $(t \geq 0)$에서의 위치 x가

$$x = t^3 - at^2 + bt \ (a,\ b는\ 양의\ 상수)$$

이고, 점 P가 다음 조건을 만족시킨다.

> (가) 점 P는 운동 방향을 바꾸지 않는다.
> (나) 점 P의 속력은 $t = \dfrac{2}{3}$일 때 최소이다.

점 P의 시각 $t = 3$에서의 위치의 최솟값을 구하시오.

[24907-0097]

7 삼차함수 $f(x)$가 다음 조건을 만족시킨다.

> (가) 모든 실수 x에 대하여 $f(-x) = -f(x)$이다.
> (나) $f(1) = 6$
> (다) $\displaystyle\int_{-2}^{2} f'(x)\,dx = 12$

$f(3)$의 값은?

① -2 ② -4 ③ -6
④ -8 ⑤ -10

[24907-0098]

고난도

8 다음 조건을 만족시키는 모든 일차 이상의 다항함수 $f(x)$에 대하여 $\displaystyle\int_{0}^{2} f(x)\,dx$의 최솟값은?

> (가) 모든 실수 x에 대하여 $\displaystyle\int_{1}^{x} f(t)\,dt = \dfrac{x-1}{3}\{f(x) + k\}$이다. (단, k는 실수이다.)
> (나) x에 대한 방정식 $f(x) = m$이 실근을 갖도록 하는 실수 m의 최솟값은 -4이다.
> (다) $f(0) \geq 0$

① $-\dfrac{16}{3}$ ② $-\dfrac{14}{3}$ ③ -4
④ $-\dfrac{10}{3}$ ⑤ $-\dfrac{8}{3}$

[24907-0099] ○ △ ✕

9 함수 $f(x)=1+x+x^2+x^3+x^4+x^5$에 대하여
$$\lim_{x\to 2}\frac{1}{x^3-4x}\int_4^{x^2}f(t)\,dt$$의 값은?

① $\dfrac{2^{10}-1}{3}$　　② $\dfrac{2^{11}-1}{6}$　　③ $\dfrac{2^{11}-1}{3}$

④ $\dfrac{2^{12}-1}{6}$　　⑤ $\dfrac{2^{12}-1}{3}$

[24907-0100] ○ △ ✕

10 이차함수 $f(x)=x^2$의 그래프 위의 점 $A(a,\ a^2)$을 x축의 방향으로 -1만큼 평행이동한 점을 B, 두 점 B, A에서 x축에 내린 수선의 발을 각각 C, D라 하자. 사각형 ABCD의 넓이가 곡선 $y=f(x)$에 의하여 이등분될 때, $12\times(a-1)^2$의 값을 구하시오. (단, $a>1$)

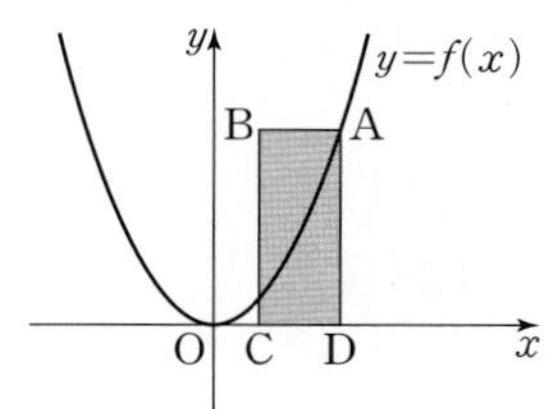

11_회 미니모의고사

EBS 수능특강 **Q** 미니모의고사 **수학 Ⅱ**

○ 알고 맞힘 　/10　△ 헷갈림 　/10　✕ 모르고 틀림 　/10

[24907-0101]　○ △ ✕

1 $\lim\limits_{x \to -\infty} \dfrac{2x+5}{\sqrt{x^2+3x}-x}$의 값은?

① -2　　　② -1　　　③ 0

④ 1　　　⑤ 2

고난도　　　　[24907-0102]　○ △ ✕

2 닫힌구간 $[-2, 2]$에서 정의된 함수

$$f(x)=\begin{cases} x+2 & (-2\le x<-1) \\ -x-1 & (-1\le x<0) \\ x & (0\le x\le 1) \\ -x+1 & (1<x\le 2) \end{cases}$$

에 대하여 두 함수 $g(x)$와 $h(x)$를

$$g(x)=\frac{f(x)+f(-x)}{2}, \ h(x)=\frac{f(x)-f(-x)}{2}$$

라 할 때, **보기**에서 옳은 것만을 있는 대로 고른 것은?

┌─ 보기 ─────────────────

ㄱ. 함수 $g(x)$는 $x=0$에서 연속이다.

ㄴ. $-2<a<0$인 모든 실수 a에 대하여 $\lim\limits_{x \to a+} h(x)=h(a)$ 이다.

ㄷ. 함수 $\{g(x)+k\}h(x)$가 $x=b\,(-2<b<2)$에서 불연속인 실수 b의 개수가 1이 되도록 하는 양수 k의 값이 존재한다.

───────────────────────

① ㄴ　　　　② ㄷ　　　　③ ㄱ, ㄴ

④ ㄱ, ㄷ　　　⑤ ㄴ, ㄷ

[24907-0103] ○ △ ✕

3 함수 $f(x)=x^3+ax^2+bx$와 $k>1$인 상수 k에 대하여 함수

$$g(x)=\begin{cases} 4 & (x\le 1) \\ f(x) & (1<x\le k) \\ c & (x>k) \end{cases}$$

가 실수 전체의 집합에서 미분가능할 때, $a-b+c-k$의 값은? (단, a, b, c는 상수이다.)

① -14 ② -16 ③ -18

④ -20 ⑤ -22

[24907-0104] ○ △ ✕

4 함수 $f(x)=x^3+(a+4)x^2+(4a+6)x+4a+5$의 그래프가 a의 값에 관계없이 항상 지나는 점을 P라 하자. 곡선 $y=f(x)$ 위의 점 P에서의 접선과 x축, y축으로 둘러싸인 부분의 넓이는? (단, a는 실수이다.)

① $\dfrac{21}{4}$ ② $\dfrac{11}{2}$ ③ $\dfrac{23}{4}$

④ 6 ⑤ $\dfrac{25}{4}$

[24907-0105] ○ △ ✕

5 함수 $f(x)=3x^4+4x^3-12x^2+5$에 대하여 함수 $f(x-10)$이 열린구간 $(n,\ n+2)$에서 증가할 때, 정수 n의 최솟값을 구하시오.

[24907-0106] ○ △ ✕

6 수직선 위를 움직이는 두 점 P, Q의 시각 t $(t \geq 0)$에서의 위치는 각각

$$f(t) = \frac{1}{3}t^3 - 16t, \quad g(t) = 2t^2 - 4t$$

이다. 두 점 P, Q의 속도가 같아지는 순간 두 점 P, Q의 가속도는 각각 p, q이다. $p - q$의 값은?

① -8 ② -4 ③ 0

④ 4 ⑤ 8

[24907-0107] ○ △ ✕

7 다항함수 $f(x)$에 대하여

$$\int f(x)\,dx = x^3 + 3x + C \quad (C\text{는 적분상수})$$

일 때, $f'(2)$의 값은?

① 4 ② 8 ③ 12

④ 16 ⑤ 20

[24907-0108] ○ △ ✕

8 최고차항의 계수가 1인 삼차함수 $f(x)$에 대하여 함수 $g(x)$를

$$g(x) = \int_0^x f'(t)\,dt + (x+1)f(x) + 1$$

이라 할 때, $g(1) = 8$이다. 함수 $g(x)$가 $x = 0$에서 극솟값 3을 가질 때, $f(-1)$의 값은?

① 1 ② 2 ③ 3

④ 4 ⑤ 5

[24907-0109] 

9 함수

$$f(x)=\begin{cases} ax^2+b & (x<0) \\ -3 & (0\le x<1) \\ bx^2+12x-4a & (x\ge 1) \end{cases}$$

이 실수 전체의 집합에서 연속일 때, 함수 $y=f(x)$의 그래프와 x축으로 둘러싸인 부분의 넓이는? (단, a, b는 상수이다.)

① 5 ② 6 ③ 7
④ 8 ⑤ 9

[24907-0110]

고난도

10 원점을 동시에 출발하여 수직선 위를 움직이는 두 점 A, B의 시각 $t\,(t\ge 0)$에서의 속도를 각각 $v_1(t)$, $v_2(t)$라 할 때,

$$v_1(t)=t(2-t)(4-t),\quad v_2(t)=a-2t\ (a\ge 0)$$

이다. 두 점 A, B가 출발 후 세 번 만나기 위한 모든 실수 a의 값의 범위는 $\dfrac{q}{p}<a<4$이다. $p+q$의 값을 구하시오.

(단, p와 q는 서로소인 자연수이다.)

12회 미니모의고사

EBS 수능특강 Q 미니모의고사 **수학 Ⅱ**

○ 알고 맞힘 /10 △ 헷갈림 /10 ✕ 모르고 틀림 /10

[24907-0111] ○ △ ✕

1 $\lim\limits_{x \to -2} \dfrac{x^2+ax+b}{x^2-4}=\dfrac{3}{2}$ 일 때, ab의 값은?

(단, a, b는 상수이다.)

① 10　　② 12　　③ 14

④ 16　　⑤ 18

[24907-0112] ○ △ ✕

2 최고차항의 계수가 소수인 자연수 a인 다항함수 $f(x)$가

$$\lim_{x \to \infty} \frac{f(x)}{x^4}=0, \quad \lim_{x \to 0} \frac{f(x)}{x}=8$$

을 만족시킨다. 방정식 $f(x)=0$의 근이 음이 아닌 서로 다른 세 정수일 때, $a+f(5)$의 값은?

① 36　　② 38　　③ 40

④ 42　　⑤ 44

3 다항함수 $f(x)$가 모든 실수 x에 대하여
$$(x-2)f'(x)=3f(x)-2x^2+x$$
를 만족시킬 때, $f'(2)$의 값은? [24907-0113]

① $\dfrac{7}{2}$　　② 4　　③ $\dfrac{9}{2}$

④ 5　　⑤ $\dfrac{11}{2}$

4 함수 $f(x)=2x^3+ax^2-5x+b$가
$$\lim_{x \to \infty} x\left\{f\left(2+\dfrac{3}{x}\right)-21\right\}=f(2)$$
를 만족시킬 때, $a+b$의 값은? (단, a, b는 상수이다.) [24907-0114]

① 22　　② 24　　③ 26

④ 28　　⑤ 30

5 최고차항의 계수가 1인 삼차함수 $f(x)$와 상수 p에 대하여 함수 $g(x)$를
$$g(x)=f(x)-f'(p)(x-p)-f(p)$$
라 하자. $g(2)=0$이고 함수 $f(x)$가 $x=0$, $x=1$에서 극값을 가질 때, p의 값은? (단, $p \neq 2$) [고난도] [24907-0115]

① $-\dfrac{1}{5}$　　② $-\dfrac{1}{4}$　　③ $-\dfrac{1}{3}$

④ $-\dfrac{1}{2}$　　⑤ -1

6 [24907-0116]

점 $(0, k)$에서 곡선 $y=x^3-6x^2+9x-3$에 그을 수 있는 모든 접선의 개수를 $f(k)$라 할 때, 함수 $f(k)$는 $k=p$, $k=q$에서 불연속이다. $p+q$의 값을 구하시오. (단, $p\neq q$이다.)

7 [24907-0117]

이차함수 $f(x)=x^2-(a+1)x+a$가

$$\int_1^2 (x^2+x)f'(x)dx+\int_1^2 (2x+1)f(x)dx=-12$$

를 만족시킬 때, $\int_1^a f(x)dx$의 값은? (단, a는 상수이다.)

① -5 ② $-\dfrac{9}{2}$ ③ -4

④ $-\dfrac{7}{2}$ ⑤ -3

8 [24907-0118]

최고차항의 계수가 1인 이차함수 $f(x)$가 모든 실수 a에 대하여

$$\int_{-a}^{a} xf(x)dx=0$$

을 만족시키고, $\int_{-1}^{1} x^2f(x)dx=\dfrac{12}{5}$이다.

$\displaystyle\lim_{x\to 1}\dfrac{1}{x-1}\int_1^x f(t)dt$의 값은?

① 3   ② 4   ③ 5

④ 6   ⑤ 7

9 [24907-0119]

삼차함수 $f(x)$가 다음 조건을 만족시킨다.

> (가) $f'(x)=3x^2-2x+a$
> (나) $\lim\limits_{x \to 0}\dfrac{f(x)-1}{x}=-1$

함수 $y=f(x)$의 그래프와 x축으로 둘러싸인 부분의 넓이를 S라 할 때, $30S$의 값을 구하시오. (단, a는 상수이다.)

10 고난도 [24907-0120]

수직선 위를 움직이는 두 점 P, Q의 시각 t에서의 속도를 각각 $f(t)$, $g(t)$라 할 때,

$$f(t)=6-2t, \; g(t)=4t-12$$

이다. 시각 $t=0$에서의 두 점 P, Q의 위치는 각각 0, 15이고, $t>0$일 때 두 점 P, Q는 시각 $t=\alpha$와 $t=\beta$에서 서로 만난다. 시각 $t=\alpha$에서 $t=\beta$까지 두 점 P, Q가 움직인 거리를 각각 s_1, s_2라 할 때, s_1+s_2의 값은? (단, $\alpha<\beta$)

① 16 ② 18 ③ 20

④ 22 ⑤ 24

13 회 미니모의고사

EBS 수능특강 Q 미니모의고사 **수학 Ⅱ**

○ 알고 맞힘 　/10　△ 헷갈림 　/10　✕ 모르고 틀림 　/10

[24907-0121]　○ △ ✕

1 $\lim\limits_{x \to \infty} \dfrac{x(2x+3)}{3x^2+2x+1}$ 의 값은?

① $\dfrac{1}{3}$　　② $\dfrac{1}{2}$　　③ $\dfrac{2}{3}$

④ $\dfrac{5}{6}$　　⑤ 1

[24907-0122]　○ △ ✕

2 함수 $f(x) = \dfrac{x^2+(a-1)x+4}{x^2+ax+3a}$ 에 대하여 함수 $\dfrac{1}{f(x)}$ 이 실수 전체의 집합에서 연속이 되도록 하는 모든 정수 a의 개수는?

① 3　　② 4　　③ 5

④ 6　　⑤ 7

3 [24907-0123]

함수

$$f(x)=\begin{cases} x+1 & (x<0) \\ x^3-3x^2+ax+1 & (0\le x<b) \\ -2x+2 & (x\ge b) \end{cases}$$

가 실수 전체의 집합에서 미분가능할 때, $a+b$의 값은?

(단, a, b는 상수이고, $b>0$이다.)

① 1   ② 2   ③ 3

④ 4   ⑤ 5

고난도 [24907-0124]

4 함수 $f(x)$와 최고차항의 계수가 1인 삼차함수 $g(x)$가 다음 조건을 만족시킨다.

(가) 임의의 두 실수 x_1, x_2 $(x_1<x_2)$에 대하여 x의 값이 x_1에서 x_2까지 변할 때의 함수 $y=f(x)$의 평균변화율은 2로 일정하다.

(나) 두 함수 $y=f(x)$, $y=g(x)$의 그래프는 점 $(1, 3)$에서 만난다.

(다) 함수 $|f(x)-g(x)|$가 실수 전체의 집합에서 미분가능하다.

$f(3)+g(3)$의 값을 구하시오.

---

5 [24907-0125]

최고차항의 계수가 1인 사차함수 $f(x)$가 다음 조건을 만족시킨다.

(가) 함수 $f(x)$는 $x=3$에서 극댓값 0을 갖는다.

(나) 방정식 $f(x)=0$의 세 실근을 작은 것부터 차례로 나열하면 등차수열을 이룬다.

함수 $f(x)$의 극솟값이 -16일 때, $f(0)$의 값은?

① 1   ② 3   ③ 5

④ 7   ⑤ 9

6 삼차함수 $f(x)$에 대하여 함수 $y=f'(x)$의 그래프는 그림과 같다. $x \leq a$인 모든 실수 x에 대하여 부등식 $f(x) \leq f(-1)$이 성립하도록 하는 실수 a의 최댓값은?

[24907-0126]

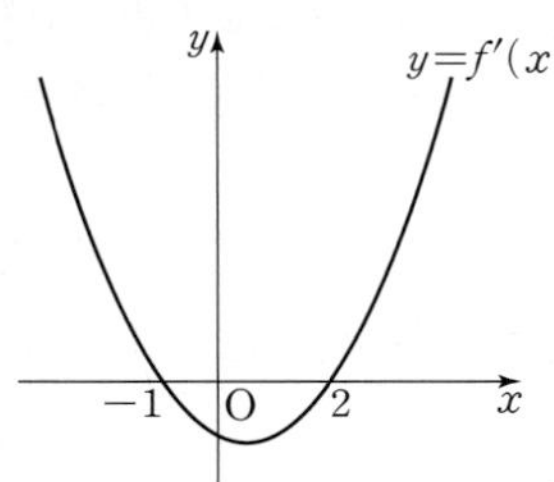

① $\dfrac{5}{2}$ ② 3 ③ $\dfrac{7}{2}$

④ 4 ⑤ $\dfrac{9}{2}$

7 다항함수 $f(x)$가 모든 실수 x에 대하여

[24907-0127]

$$f(x)=3x^2+2x\int_{-1}^{1} f(t)\,dt+\int_{-1}^{1} tf(t)\,dt$$

를 만족시킬 때, $f(-4)$의 값을 구하시오.

8 다항함수 $f(x)$가 모든 실수 x에 대하여

고난도 [24907-0128]

$$xf(x)=2x^3-3x^2\int_{0}^{1} f'(t)\,dt+\int_{1}^{x} f(t)\,dt$$를 만족시킬 때,

$\displaystyle \lim_{h \to 0} \frac{1}{h}\int_{-1}^{-1+7h} f(t)\,dt$의 값은?

① 41 ② 42 ③ 43

④ 44 ⑤ 45

9 [24907-0129] ○ △ ✕

함수 $f(x)=x^2-3x$에 대하여 함수 $y=f(x)$의 그래프를 x축에 대하여 대칭이동시킨 후 x축의 방향으로 -1만큼, y축의 방향으로 4만큼 평행이동시키면 함수 $y=g(x)$의 그래프와 일치한다. 두 곡선 $y=f(x)$와 $y=g(x)$로 둘러싸인 부분의 넓이는?

① $\dfrac{61}{3}$ ② $\dfrac{64}{3}$ ③ $\dfrac{67}{3}$

④ $\dfrac{70}{3}$ ⑤ $\dfrac{73}{3}$

10 [24907-0130] ○ △ ✕

시각 $t=0$일 때 동시에 원점을 출발하여 수직선 위를 움직이는 두 점 P, Q의 시각 t $(t\geq0)$에서의 속도가 각각

$$v_1(t)=4t^2-3at+a,\ v_2(t)=t^2+3t-2a$$

이다. 시각 $t=k$에서 두 점 P, Q 사이의 거리가 8이 되도록 하는 모든 양수 k의 개수가 4일 때, 상수 a의 값은? (단, $a>1$)

① 5 ② $\dfrac{16}{3}$ ③ $\dfrac{17}{3}$

④ 6 ⑤ $\dfrac{19}{3}$

14_회 미니모의고사

EBS 수능특강 **Q** 미니모의고사 **수학 Ⅱ**

O 알고 맞힘 　　/10　**△** 헷갈림 　　/10　**X** 모르고 틀림 　　/10

[24907-0131]　O △ X

1 $\lim\limits_{x \to a} \dfrac{x^2 - a^2}{x^2 - (a+3)x + 3a} = -2$일 때, 상수 a의 값은?

① $\dfrac{1}{2}$　　　　② 1　　　　③ $\dfrac{3}{2}$

④ 2　　　　⑤ $\dfrac{5}{2}$

고난도　　[24907-0132]　O △ X

2 정의역이 $\{x \,|\, x \geq 0\}$인 함수 $f(x)$가 다음 조건을 만족시킨다.

> (가) $0 \leq x < 3$일 때, $f(x) = (x-1)^2$이다.
> (나) 3 이상의 모든 실수 x에 대하여 $f(x) = f(x-3) + 3$이다.

$t \neq 1$인 실수 t에 대하여 직선 $y = tx + 1$이 함수 $y = f(x)$의 그래프와 만나는 점의 개수를 $g(t)$라 할 때, **보기**에서 옳은 것만을 있는 대로 고른 것은?

> **보기**
> ㄱ. $g(0) = 2$
> ㄴ. $\lim\limits_{t \to 1+} g(t) = \infty$
> ㄷ. 함수 $g(t)$가 $t = a$에서 불연속인 실수 a의 값을 작은 것부터 순서대로 나열한 것이 a_1, a_2, a_3, $\cdots$일 때, $a_3 = -14 + 6\sqrt{6}$이다.

① ㄱ　　　　② ㄴ　　　　③ ㄱ, ㄷ

④ ㄴ, ㄷ　　　　⑤ ㄱ, ㄴ, ㄷ

3 다항함수 $f(x)$에 대하여 $f'(1)=2$일 때, $\displaystyle\lim_{h\to 0}\frac{f(1+3h)-f(1-2h)}{h}$의 값은?

① 2　　　　② 4　　　　③ 6

④ 8　　　　⑤ 10

[24907-0134]

4 직선 $y=\dfrac{1}{2}x$ 위의 점 $\left(a,\ \dfrac{1}{2}a\right)$에서 곡선 $y=x^2+2x+2$에 그은 서로 다른 두 접선의 접점을 각각 A, B라 할 때, 직선 AB는 a의 값에 관계없이 항상 점 $(p,\ q)$를 지난다. $p+q$의 값은?

① $\dfrac{3}{4}$　　　　② $\dfrac{5}{4}$　　　　③ $\dfrac{7}{4}$

④ $\dfrac{9}{4}$　　　　⑤ $\dfrac{11}{4}$

[24907-0135]

5 함수 $f(x)=x^3+ax^2+bx+c$에 대하여 함수 $y=f(x)$의 그래프가 그림과 같다. **보기**에서 옳은 것만을 있는 대로 고른 것은? (단, a, b, c는 상수이다.)

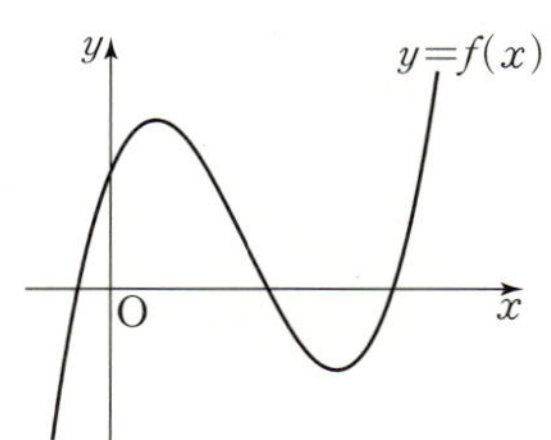

> **보기**
>
> ㄱ. $b>0$
> ㄴ. $ac>0$
> ㄷ. $f(-1)=0$이면 $ac+b^2>ab+bc$이다.

① ㄱ　　　　② ㄷ　　　　③ ㄱ, ㄴ

④ ㄱ, ㄷ　　　　⑤ ㄴ, ㄷ

[24907-0136] ○ △ ✕

6 x에 대한 방정식 $x^3+3x^2-9x+2-a=0$이 서로 다른 두 실근을 갖도록 하는 양수 a의 값을 구하시오.

[24907-0137] ○ △ ✕

7 $\displaystyle\int_{-1}^{1}(4x^3+ax^2+ax)\,dx=2$일 때, 상수 a의 값은?

① 1 ② 2 ③ 3
④ 4 ⑤ 5

[24907-0138] ○ △ ✕

8 두 함수 $f(x)=x^3+ax^2-4x$, $g(x)=x^3+2x^2+bx$가 다음 조건을 만족시킨다.

(가) 모든 실수 x에 대하여
$$f(x)+f(-x)+g(x)+g(-x)=0\text{이다.}$$
(나) $\displaystyle\int_{-1}^{1}\{xf'(x)+g'(x)\}\,dx=\dfrac{28}{3}$

$\displaystyle\int_{-1}^{1}\{f(x)+xg(x)\}\,dx$의 값은? (단, a, b는 상수이다.)

① $\dfrac{6}{5}$ ② $\dfrac{8}{5}$ ③ 2
④ $\dfrac{12}{5}$ ⑤ $\dfrac{14}{5}$

[24907-0139] ○ △ ✕

9 두 곡선 $y=x^2-2x$, $y=2x^2-8x+3$이 만나는 서로 다른 두 점의 x좌표를 각각 α, β $(\alpha<\beta)$라 할 때, 곡선 $y=4x^3+3x^2$과 두 직선 $x=\alpha$, $x=\beta$ 및 x축으로 둘러싸인 부분의 넓이는 $m\sqrt{6}$이다. 자연수 m의 값을 구하시오.

고난도 [24907-0140] ○ △ ✕

10 두 양수 a, k에 대하여 함수

$$f(x)=\begin{cases} x^3-2x^2 & (x<a) \\ \dfrac{1}{2}x^2+k & (x\geq a) \end{cases}$$

는 $x=a$에서 연속이다. 함수 $y=f(x)$의 그래프와 x축 및 두 직선 $x=a$, $x=a+1$로 둘러싸인 부분의 넓이를 S_1, 함수 $y=f(x)$의 그래프와 x축으로 둘러싸인 부분의 넓이를 S_2라 하자. $S_1=8S_2$일 때, $a+k$의 값은?

① $\dfrac{11}{2}$ ② 6 ③ $\dfrac{13}{2}$

④ 7 ⑤ $\dfrac{15}{2}$

수학영역 | 수학 Ⅱ

정답과 풀이

한눈에 보는 정답

01회 미니모의고사
본문 4~7쪽

| 1 ③ | 2 ① | 3 2 | 4 ③ | 5 ③ |
| 6 ⑤ | 7 ③ | 8 ④ | 9 ② | 10 8 |

02회 미니모의고사
본문 8~11쪽

| 1 ② | 2 ⑤ | 3 ③ | 4 ④ | 5 ④ |
| 6 49 | 7 ② | 8 ① | 9 ② | 10 12 |

03회 미니모의고사
본문 12~15쪽

| 1 ② | 2 ④ | 3 ② | 4 ⑤ | 5 191 |
| 6 ② | 7 ③ | 8 ② | 9 76 | 10 ③ |

04회 미니모의고사
본문 16~19쪽

| 1 ④ | 2 ② | 3 ④ | 4 25 | 5 ⑤ |
| 6 ④ | 7 ① | 8 ① | 9 16 | 10 ③ |

05회 미니모의고사
본문 20~23쪽

| 1 ④ | 2 ④ | 3 ⑤ | 4 ⑤ | 5 59 |
| 6 ⑤ | 7 ⑤ | 8 ① | 9 ③ | 10 ③ |

06회 미니모의고사
본문 24~27쪽

| 1 ④ | 2 ⑤ | 3 ④ | 4 ③ | 5 20 |
| 6 70 | 7 ④ | 8 ② | 9 ③ | 10 38 |

07회 미니모의고사
본문 28~31쪽

| 1 ③ | 2 11 | 3 ⑤ | 4 ② | 5 24 |
| 6 ⑤ | 7 ③ | 8 ① | 9 ④ | 10 ② |

08회 미니모의고사
본문 32~35쪽

| 1 ① | 2 ⑤ | 3 ② | 4 ③ | 5 ④ |
| 6 20 | 7 ⑤ | 8 ③ | 9 ② | 10 ① |

09회 미니모의고사
본문 36~39쪽

| 1 ③ | 2 15 | 3 ④ | 4 ④ | 5 ② |
| 6 18 | 7 ③ | 8 ③ | 9 ③ | 10 ⑤ |

10회 미니모의고사
본문 40~43쪽

| 1 ② | 2 ② | 3 ② | 4 ① | 5 ③ |
| 6 13 | 7 ③ | 8 ① | 9 ④ | 10 4 |

11회 미니모의고사
본문 44~47쪽

| 1 ② | 2 ① | 3 ③ | 4 ⑤ | 5 8 |
| 6 ⑤ | 7 ③ | 8 ③ | 9 ② | 10 127 |

12회 미니모의고사
본문 48~51쪽

| 1 ④ | 2 ④ | 3 ① | 4 ② | 5 ② |
| 6 2 | 7 ② | 8 ② | 9 40 | 10 ⑤ |

13회 미니모의고사
본문 52~55쪽

| 1 ③ | 2 ② | 3 ② | 4 22 | 5 ⑤ |
| 6 ③ | 7 56 | 8 ① | 9 ② | 10 ③ |

14회 미니모의고사
본문 56~59쪽

| 1 ③ | 2 ③ | 3 ⑤ | 4 ③ | 5 ① |
| 6 29 | 7 ③ | 8 ④ | 9 426 | 10 ⑤ |

01회 미니모의고사

본문 4~7쪽

1 ③		**2** ①		**3** 2		**4** ③	
5 ③		**6** ⑤		**7** ③		**8** ④	
9 ②		**10** 8					

1

$$\lim_{x \to 3} \frac{\sqrt{x^2+16}-5}{x-3}$$
$$=\lim_{x \to 3} \frac{(\sqrt{x^2+16}-5)(\sqrt{x^2+16}+5)}{(x-3)(\sqrt{x^2+16}+5)}$$
$$=\lim_{x \to 3} \frac{x^2+16-25}{(x-3)(\sqrt{x^2+16}+5)}$$
$$=\lim_{x \to 3} \frac{(x-3)(x+3)}{(x-3)(\sqrt{x^2+16}+5)}$$
$$=\lim_{x \to 3} \frac{x+3}{\sqrt{x^2+16}+5}$$
$$=\frac{3+3}{\sqrt{25}+5}=\frac{3}{5}$$

2

조건 (가)에서 $x \to 0$일 때 (분모) $\to 0$이고 극한값이 존재하므로
(분자) $\to 0$이어야 한다.
즉, $\lim_{x \to 0}\{f(x)-3\}=0$에서 $\lim_{x \to 0}f(x)=3$
조건 (나)에서 $x \neq 0$이고 $f(x) \neq 3$일 때
$$\frac{g(x)}{x}=\frac{x\{f(x)+5\}}{f(x)-3}$$
이므로
$$\lim_{x \to 0}\frac{g(x)}{x}=\lim_{x \to 0}\frac{f(x)+5}{\dfrac{f(x)-3}{x}}=\frac{3+5}{2}=4$$
$\lim_{x \to 0}\dfrac{g(x)}{x}=4$에서 $x \to 0$일 때 (분모) $\to 0$이고 극한값이 존재하므로

(분자) $\to 0$이어야 한다.
즉, $\lim_{x \to 0}g(x)=0$
따라서
$$\lim_{x \to 0}\frac{6xg(x)+f(x)g(x)}{2x+g(x)}=\lim_{x \to 0}\frac{6g(x)+f(x) \times \dfrac{g(x)}{x}}{2+\dfrac{g(x)}{x}}$$
$$=\frac{6 \times 0+3 \times 4}{2+4}=2$$

3

$$\lim_{h \to 0}\frac{f(a+2mh)-f(a-2nh)}{h}$$
$$=\lim_{h \to 0}\frac{f(a+2mh)-f(a)-f(a-2nh)+f(a)}{h}$$

$$=\lim_{h \to 0}\frac{f(a+2mh)-f(a)}{h}+\lim_{h \to 0}\frac{f(a-2nh)-f(a)}{-h}$$
$$=\lim_{h \to 0}\frac{f(a+2mh)-f(a)}{2mh} \times 2m$$
$$\qquad\qquad +\lim_{h \to 0}\frac{f(a-2nh)-f(a)}{-2nh} \times 2n$$
$$=f'(a) \times 2m+f'(a) \times 2n$$
$$=f'(a)(2m+2n)$$
또한 함수 $f(x)$가 다항함수이므로
$\lim_{h \to 0}\dfrac{f(a-2mnh)-14}{h}$의 값이 존재하고 $h \to 0$일 때
(분모) $\to 0$이므로 (분자) $\to 0$이어야 한다.
즉, $\lim_{h \to 0}\{f(a-2mnh)-14\}=f(a)-14=0$
에서 $f(a)=14$
이때
$$f(a) \times f'(a)+\lim_{h \to 0}\frac{f(a-2mnh)-14}{h}$$
$$=14f'(a)+\lim_{h \to 0}\frac{f(a-2mnh)-f(a)}{-2mnh} \times (-2mn)$$
$$=14f'(a)+f'(a) \times (-2mn)$$
$$=f'(a)(14-2mn)$$
이므로
$$f'(a)(2m+2n)=f'(a)(14-2mn)$$
이때 $f'(a) \neq 0$이므로
$m+n+mn=7$
$(m+1)(n+1)=8$
따라서
$m+1=1,\ n+1=8$ 또는
$m+1=2,\ n+1=4$ 또는
$m+1=4,\ n+1=2$ 또는
$m+1=8,\ n+1=1$
이고 m, n은 자연수이므로 순서쌍 (m, n)은
$(1, 3)$, $(3, 1)$이고 그 개수는 2이다.

4

$f(x)=x^3+3x-1$이라 하면
$f'(x)=3x^2+3$
이때 $f'(1)=6$이므로 점 $(1, 3)$을 지나고 이 점에서의 접선에 수직인
직선의 방정식은
$$y-3=-\frac{1}{6}(x-1)$$
이 직선이 점 $(a, 1)$을 지나므로
$$1-3=-\frac{1}{6}(a-1)$$
$$a-1=12$$
따라서 $a=13$

5

다항함수 $f(x)$는 실수 전체의 집합에서 연속이고 $n=2,\ 4,\ 6,\ 8$일 때,
$$f(n)f(n+2)<0$$

이므로 사잇값의 정리에 의하여
$f(k_n)=0\ (n<k_n<n+2)$
인 상수 $k_n\ (n=2,\ 4,\ 6,\ 8)$이 존재한다.
다항함수 $f(x)$는 실수 전체의 집합에서 미분가능하고
$f(k_2)=f(k_4),\ f(k_4)=f(k_6),\ f(k_6)=f(k_8)$
이므로 롤의 정리에 의하여
$f'(c_1)=0\ (k_2<c_1<k_4)$
$f'(c_2)=0\ (k_4<c_2<k_6)$
$f'(c_3)=0\ (k_6<c_3<k_8)$
인 상수 c_1, c_2, c_3이 적어도 하나씩 존재한다.
따라서 방정식 $f'(x)=0$의 서로 다른 실근의 개수의 최솟값은 3이다.

6

ㄱ. $-1<x<2$에서 $f'(x)+g'(x)<0$이므로 함수 $f(x)+g(x)$는
열린구간 $(-1,\ 2)$에서 감소한다. (참)

ㄴ. 두 다항함수 $f(x)$, $g(x)$에 대하여 두 함수 $y=f'(x)$, $y=g'(x)$
의 그래프는 모두 x축과 평행하지 않은 직선이므로 $f(x)$, $g(x)$는
모두 이차함수이다.
이차함수 $f(x)$는 $x=-1$에서 극대이고 $f(-1)=0$이므로
$f(x)=a(x+1)^2\ (a<0)$이다.
또 이차함수 $g(x)$는 $x=2$에서 극소이고 $g(2)=0$이므로
$g(x)=b(x-2)^2\ (b>0)$이다.
$f(x)g(x)=ab(x+1)^2(x-2)^2$이므로
$$\{f(x)g(x)\}'=f'(x)g(x)+f(x)g'(x)$$
$$=2ab(x+1)(x-2)^2+2ab(x+1)^2(x-2)$$
$$=2ab(x+1)(x-2)\{(x-2)+(x+1)\}$$
$$=2ab(x+1)(x-2)(2x-1)$$
$\{f(x)g(x)\}'=0$에서
$x=-1$ 또는 $x=\dfrac{1}{2}$ 또는 $x=2$
함수 $f(x)g(x)$의 증가와 감소를 표로 나타내면 다음과 같다.

x	$\cdots$	-1	$\cdots$	$\dfrac{1}{2}$	$\cdots$	2	$\cdots$
$\{f(x)g(x)\}'$	$+$	0	$-$	0	$+$	0	$-$
$f(x)g(x)$	$\nearrow$	극대	$\searrow$	극소	$\nearrow$	극대	$\searrow$

따라서 함수 $f(x)g(x)$는 $x=\dfrac{1}{2}$에서 극소이다. (참)

ㄷ. $\dfrac{f(x)g(x)}{\sqrt{g(x)}}=\dfrac{ab(x+1)^2(x-2)^2}{\sqrt{b(x-2)^2}}=\dfrac{ab(x+1)^2(x-2)^2}{\sqrt{b}\,|x-2|}$
$$=a\sqrt{b}(x+1)^2|x-2|\ (x\neq2)$$
이므로
$$h(x)=\begin{cases}-a\sqrt{b}(x+1)^2(x-2) & (x<2) \\ 0 & (x=2) \\ a\sqrt{b}(x+1)^2(x-2) & (x>2)\end{cases}$$
$\{(x+1)^2(x-2)\}'=2(x+1)(x-2)+(x+1)^2$
$$=3(x+1)(x-1)$$
이므로

$$h'(x)=\begin{cases}-3a\sqrt{b}(x+1)(x-1) & (x<2) \\ 3a\sqrt{b}(x+1)(x-1) & (x>2)\end{cases}$$
$h'(x)=0$에서 $x=-1$ 또는 $x=1$
함수 $h(x)$의 증가와 감소를 표로 나타내면 다음과 같다.

x	$\cdots$	-1	$\cdots$	1	$\cdots$	2	$\cdots$
$h'(x)$	$+$	0	$-$	0	$+$		$-$
$h(x)$	$\nearrow$	극대	$\searrow$	극소	$\nearrow$	극대	$\searrow$

따라서 함수 $h(x)$는 $x=-1$, $x=2$에서 극대이다. (참)
이상에서 옳은 것은 ㄱ, ㄴ, ㄷ이다.

7

$$f(x)=\int(5x-k)\,dx-\int(x+k)\,dx$$
$$=\int\{(5x-k)-(x+k)\}\,dx$$
$$=\int(4x-2k)\,dx=2x^2-2kx+C\ (C는\ 적분상수)$$
에서 $f'(x)=4x-2k$
$f'(1)=2$에서 $4-2k=2$이므로 $k=1$
$f(1)=0$에서 $2-2k+C=0$이므로 $C=0$
따라서 $f(x)=2x^2-2x$이므로
$f(2)=8-4=4$

8

$$\int_1^x(3t^4+at^2+bt)\,dt=\int_1^x\{t+f(t)\}\,dt+3x^3+a \qquad \cdots\cdots ㉠$$
㉠의 양변에 $x=1$을 대입하면
$0=0+3+a,\ a=-3$
㉠의 양변을 x에 대하여 미분하면
$3x^4+ax^2+bx=x+f(x)+9x^2$
$f(x)=3x^4-12x^2+(b-1)x$
$f(2)=48-48+2b-2=20$에서
$2b=22,\ b=11$
따라서 $a+b=-3+11=8$

9

이차함수 $y=f(x)$의 그래프를 y축의 방향으로 -3만큼 평행이동하면
$f(x)-3=3(x-1)(x-3)$
따라서 구하는 넓이는
$$-\int_1^3\{f(x)-3\}\,dx=-\int_1^3 3(x-1)(x-3)\,dx$$
$$=-3\int_1^3(x^2-4x+3)\,dx$$
$$=-3\left[\dfrac{x^3}{3}-2x^2+3x\right]_1^3$$
$$=-3\left\{(9-18+9)-\left(\dfrac{1}{3}-2+3\right)\right\}$$
$$=4$$

10

$f(-x)=-f(x)$ ...... ㉠

$f(x)=f(x-2)+2a$ ...... ㉡

㉠에 $x=0$을 대입하면 $f(0)=0$

함수 $f(x)$가 실수 전체의 집합에서 증가하므로

$x>0$일 때 $f(x)>f(0)=0$

㉠에서 곡선 $y=f(x)$는 원점에 대하여 대칭이다.

㉠, ㉡에 $x=1$을 각각 대입하면

$f(1)=-f(-1)$, $f(1)=f(-1)+2a$이므로

$f(1)=a$, $f(-1)=-a$

㉡에서 곡선 $y=f(x-2)+2a$는 곡선 $y=f(x)$를 x축의 방향으로 2
만큼, y축의 방향으로 $2a$만큼 평행이동한 곡선과 일치한다.

$f(2)=f(0)+2a=2a$

$f(3)=f(1)+2a=3a$

$f(4)=f(2)+2a=4a$

$f(5)=f(3)+2a=5a$

$f(6)=f(4)+2a=6a$

$\vdots$

곡선 $y=f(x)$와 x축 및 직선 $x=1$로 둘러싸인 부분의 넓이를 S_1이라
하자.

$0 \le x \le 1$에서 $f(x) \ge 0$이므로

$$S_1=\int_0^1 |f(x)|dx$$

$$=\int_0^1 f(x)dx=2$$

또한 곡선 $y=f(x)$와 y축 및 직선 $y=-a$로 둘러싸인 부분의 넓이를
S_2라 하면 곡선 $y=f(x)$가 원점에 대하여 대칭이므로 S_2는 곡선
$y=f(x)$와 y축 및 직선 $y=a$로 둘러싸인 부분의 넓이와 같다.

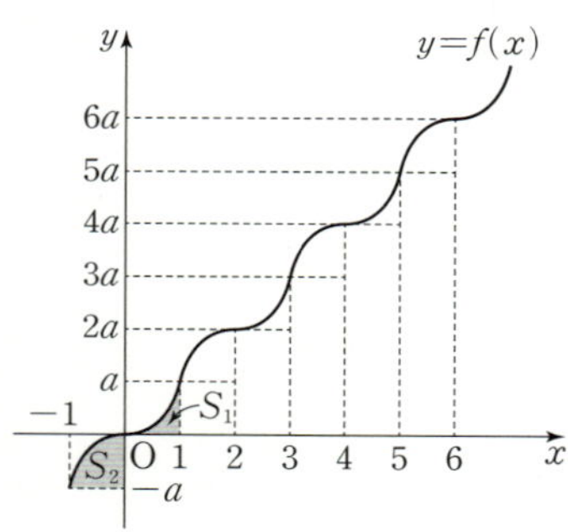

즉, $S_2=a \times 1-\int_0^1 f(x)dx=a-2$

따라서

$$\int_3^6 f(x)dx=\int_3^4 f(x)dx+\int_4^5 f(x)dx+\int_5^6 f(x)dx$$

$$=(3a+S_2)+(4a+S_1)+(5a+S_2)$$

$$=(3a+a-2)+(4a+2)+(5a+a-2)$$

$$=14a-2$$

$\int_3^6 f(x)dx>100$에서

$14a-2>100$, $a>\dfrac{51}{7}$

따라서 구하는 자연수 a의 최솟값은 8이다.

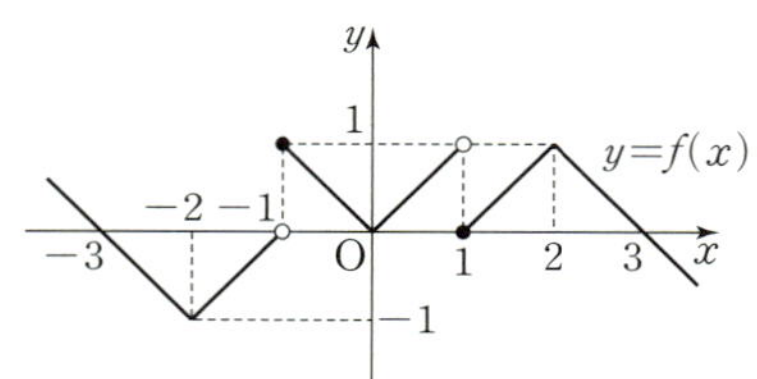

1 ②	**2** ⑤	**3** ③	**4** ④
5 ④	**6** 49	**7** ②	**8** ①
9 ②	**10** 12		

1

함수 $y=f(x)$의 그래프에서

$\lim\limits_{x \to 1+} f(x)=0$, $\lim\limits_{x \to 1-} f(x)=2$

또한 $\lim\limits_{x \to 2+} f(x)=\lim\limits_{x \to 2-} f(x)=1$이므로

$\lim\limits_{x \to 2} f(x)=1$이고 $f(2)=2$

따라서 $\lim\limits_{x \to -1+} f(x)+\lim\limits_{x \to 1-} f(x)=\lim\limits_{x \to 2} f(x)+kf(2)$에서

$0+2=1+2k$

이므로

$k=\dfrac{1}{2}$

2

함수 $y=f(x)$의 그래프는 그림과 같다.

ㄱ. $\lim\limits_{x \to -1} f(x)=0$, $\lim\limits_{x \to -1+} f(x)=1$이므로 함수 $f(x)$는
  $x=-1$에서 불연속이다.
  또한 $\lim\limits_{x \to 1-} f(x)=1$, $\lim\limits_{x \to 1+} f(x)=0$이므로 함수 $f(x)$는
  $x=1$에서 불연속이다.
  따라서 함수 $f(x)$는 $x=-1$과 $x=1$에서 모두 불연속이다. (참)

ㄴ. 함수 $g(x)$를 $g(x)=f(x)\{f(x)+k\}$라 하자.
  함수 $f(x)$는 $x=-1$과 $x=1$에서만 불연속이므로 함수 $g(x)$가
  실수 전체의 집합에서 연속이려면
  함수 $g(x)$가 $x=-1$과 $x=1$에서 연속이어야 한다.

$$\lim\limits_{x \to -1-} g(x)=\lim\limits_{x \to -1-} f(x)\{f(x)+k\}$$

$$=\lim\limits_{x \to -1-} f(x) \times \lim\limits_{x \to -1-} \{f(x)+k\}$$

$$=0 \times (0+k)=0,$$

$$\lim\limits_{x \to -1+} g(x)=\lim\limits_{x \to -1+} f(x)\{f(x)+k\}$$

$$=\lim\limits_{x \to -1+} f(x) \times \lim\limits_{x \to -1+} \{f(x)+k\}$$

$$=1 \times (1+k)=1+k,$$

$$g(-1)=f(-1)\{f(-1)+k\}$$

$$=1+k$$

이므로 $0=1+k$, 즉 $k=-1$이면 함수 $g(x)$는 $x=-1$에서 연속
이다.

또한 $k=-1$이면

$$\lim_{x \to 1-} g(x) = \lim_{x \to 1-} f(x)\{f(x)-1\}$$
$$= \lim_{x \to 1-} f(x) \times \lim_{x \to 1-} \{f(x)-1\}$$
$$= 1 \times (1-1) = 0,$$
$$\lim_{x \to 1+} g(x) = \lim_{x \to 1+} f(x)\{f(x)-1\}$$
$$= \lim_{x \to 1+} f(x) \times \lim_{x \to 1+} \{f(x)-1\}$$
$$= 0 \times (0-1) = 0,$$
$$g(1) = f(1)\{f(1)-1\} = 0$$

이므로 함수 $g(x)$는 $x=1$에서 연속이다.

따라서 $k=-1$이면 함수 $g(x)$는 실수 전체의 집합에서 연속이다.
(참)

ㄷ. 함수 $f(x)$는 $x=-1$과 $x=1$에서만 불연속이고,

함수 $y=f(x-2)$의 그래프는 함수 $y=f(x)$의 그래프를 x축의 방향으로 2만큼 평행이동한 그래프이므로 함수 $f(x-2)$는 $x=1$과 $x=3$에서만 불연속이다.

함수 $h(x)$를 $h(x)=f(x)f(x-2)$라 할 때,

함수 $h(x)$가 실수 전체의 집합에서 연속이려면 함수 $h(x)$가 $x=-1$, $x=1$, $x=3$에서 모두 연속이어야 한다.

$$\lim_{x \to -1-} h(x) = \lim_{x \to -1-} f(x)f(x-2)$$
$$= \lim_{x \to -1-} f(x) \times \lim_{x \to -1-} f(x-2)$$
$$= \lim_{x \to -1-} f(x) \times \lim_{x \to -3-} f(x)$$
$$= 0 \times 0 = 0,$$
$$\lim_{x \to -1+} h(x) = \lim_{x \to -1+} f(x)f(x-2)$$
$$= \lim_{x \to -1+} f(x) \times \lim_{x \to -1+} f(x-2)$$
$$= \lim_{x \to -1+} f(x) \times \lim_{x \to -3+} f(x)$$
$$= 1 \times 0 = 0,$$
$$h(-1) = f(-1)f(-3) = 1 \times 0 = 0$$

이므로 함수 $h(x)$는 $x=-1$에서 연속이다.

$$\lim_{x \to 1-} h(x) = \lim_{x \to 1-} f(x)f(x-2)$$
$$= \lim_{x \to 1-} f(x) \times \lim_{x \to 1-} f(x-2)$$
$$= \lim_{x \to 1-} f(x) \times \lim_{x \to -1-} f(x)$$
$$= 1 \times 0 = 0,$$
$$\lim_{x \to 1+} h(x) = \lim_{x \to 1+} f(x)f(x-2)$$
$$= \lim_{x \to 1+} f(x) \times \lim_{x \to 1+} f(x-2)$$
$$= \lim_{x \to 1+} f(x) \times \lim_{x \to -1+} f(x)$$
$$= 0 \times 1 = 0,$$
$$h(1) = f(1)f(-1) = 0 \times 1 = 0$$

이므로 함수 $h(x)$는 $x=1$에서 연속이다.

$$\lim_{x \to 3-} h(x) = \lim_{x \to 3-} f(x)f(x-2)$$
$$= \lim_{x \to 3-} f(x) \times \lim_{x \to 3-} f(x-2)$$
$$= \lim_{x \to 3-} f(x) \times \lim_{x \to 1-} f(x)$$
$$= 0 \times 1 = 0,$$
$$\lim_{x \to 3+} h(x) = \lim_{x \to 3+} f(x)f(x-2)$$
$$= \lim_{x \to 3+} f(x) \times \lim_{x \to 3+} f(x-2)$$
$$= \lim_{x \to 3+} f(x) \times \lim_{x \to 1+} f(x)$$
$$= 0 \times 0 = 0,$$

$$h(3) = f(3)f(1) = 0 \times 0 = 0$$

이므로 함수 $h(x)$는 $x=3$에서 연속이다.

따라서 함수 $h(x)$는 실수 전체의 집합에서 연속이다. (참)

이상에서 옳은 것은 ㄱ, ㄴ, ㄷ이다.

3

$$\lim_{h \to 0} \frac{\{f(3+h)\}^2 - \{f(3)\}^2}{2h}$$
$$= \lim_{h \to 0} \frac{\{f(3+h)-f(3)\}\{f(3+h)+f(3)\}}{2h}$$
$$= \lim_{h \to 0} \left\{ \frac{f(3+h)-f(3)}{h} \times \frac{f(3+h)+f(3)}{2} \right\}$$
$$= f'(3) \times \frac{f(3)+f(3)}{2}$$
$$= f'(3) \times f(3)$$

이므로

$$f'(3) \times f(3) = 16$$

따라서 $f'(3) = \dfrac{16}{f(3)} = \dfrac{16}{2} = 8$

4

$f(x) = x^3 - 6x$에서 $f'(x) = 3x^2 - 6$

곡선 $y=f(x)$ 위의 점 A에서의 접선의 방정식은

$y = (3a^2-6)(x-a) + a^3 - 6a$, 즉 $y = (3a^2-6)x - 2a^3$

곡선 $y=f(x)$와 직선 $y=(3a^2-6)x-2a^3$의 교점의 x좌표는 x에 대한 방정식 $x^3-6x=(3a^2-6)x-2a^3$의 근이다.

$x^3 - 3a^2x + 2a^3 = 0$, $(x-a)^2(x+2a) = 0$

$x=a$ 또는 $x=-2a$

즉, $b = -2a$

$b-a=3$에서 $-2a-a=3$이므로

$a = -1$

따라서 $A(-1, 5)$, $B(2, -4)$이므로

$$\overline{AB} = \sqrt{\{2-(-1)\}^2 + (-4-5)^2}$$
$$= 3\sqrt{10}$$

5

$f(x) = x^3 - ax^2 + (a^2-3a)x + 1$에서

$f'(x) = 3x^2 - 2ax + a^2 - 3a$

함수 $f(x)$가 극값을 가지려면 이차방정식 $f'(x)=0$이 서로 다른 두 실근을 가져야 한다.

이차방정식 $3x^2-2ax+a^2-3a=0$의 판별식을 D라 하면 $D>0$이어야 하므로

$$\frac{D}{4} = a^2 - 3(a^2-3a) > 0$$

$$-2a^2 + 9a > 0$$

$$2a\left(a - \frac{9}{2}\right) < 0$$

$$0 < a < \frac{9}{2}$$

따라서 정수 a는 1, 2, 3, 4로 개수는 4이다.

6

$f(x)=x^4-4x^2$에서

$f'(x)=4x^3-8x=4x(x^2-2)$

$f'(x)=0$에서

$x=-\sqrt{2}$ 또는 $x=0$ 또는 $x=\sqrt{2}$

함수 $f(x)$의 증가와 감소를 표로 나타내면 다음과 같다.

x	$\cdots$	$-\sqrt{2}$	$\cdots$	0	$\cdots$	$\sqrt{2}$	$\cdots$
$f'(x)$	$-$	0	$+$	0	$-$	0	$+$
$f(x)$	$\searrow$	-4	$\nearrow$	0	$\searrow$	-4	$\nearrow$

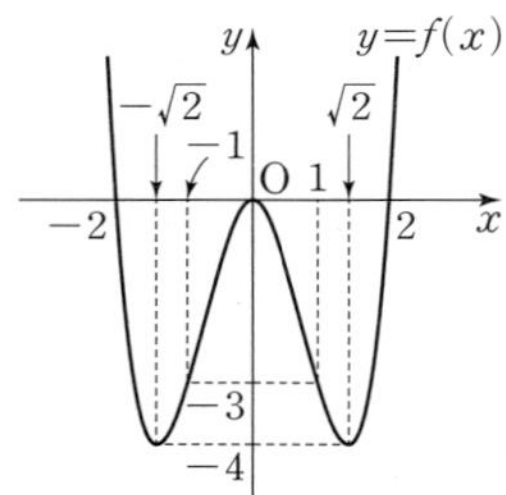

또한 모든 실수 x에 대하여 $f(-x)=f(x)$이므로 함수 $y=f(x)$의 그래프는 그림과 같이 y축에 대하여 대칭이다.

(i) $n=1$일 때

닫힌구간 $[-1,\ 1]$에서 함수 $f(x)$의 최댓값은

$f(0)=0$, 최솟값은 $f(-1)=f(1)=-3$이므로

$a_1 b_1=0\times(-3)=0$이다. 즉, 조건을 만족시키지 못한다.

(ii) $n\geq 2$일 때

닫힌구간 $[-n,\ n]$에서 함수 $f(x)$의 최댓값은 $f(n)$,

최솟값은 $f(-\sqrt{2})=f(\sqrt{2})=-4$이다.

$a_n=f(n)$, $b_n=-4$이므로 $a_n b_n<-100$에서

$f(n)>25$이다.

이때 $f(2)=0$, $f(3)=3^4-4\times 3^2=45>25$이고 $x\geq 2$일 때 함수

$f(x)$는 증가하므로 $f(n)>25$를 만족시키는 자연수 n의 최솟값

은 3이다.

(i), (ii)에서 $m=3$이고 $a_3=f(3)=45$, $b_3=-4$이므로

$a_m-b_m=a_3-b_3=45-(-4)=49$

7

$g(x)=\displaystyle\int xf(x)\,dx$의 양변을 x에 대하여 미분하면

$g'(x)=xf(x)$

$f'(x)=g'(x)-3x^3+4x$에서

$f'(x)=xf(x)-3x^3+4x$

$xf(x)=f'(x)+3x^3-4x$ $\quad\cdots\cdots$ ㉠

따라서 $f(x)$는 최고차항의 계수가 3인 이차함수이다.

$f(x)=3x^2+ax+b$ (a, b는 상수)라 하면

$f'(x)=6x+a$

㉠에서

$x(3x^2+ax+b)=(6x+a)+3x^3-4x$

$3x^3+ax^2+bx=3x^3+2x+a$ $\quad\cdots\cdots$ ㉡

㉡은 x에 대한 항등식이므로

$a=0$, $b=2$

$f(x)=3x^2+2$

$g(x)=\displaystyle\int xf(x)\,dx$

$\qquad=\displaystyle\int(3x^3+2x)\,dx=\dfrac{3}{4}x^4+x^2+C$ (단, C는 적분상수)

$g(0)=C=-1$이므로

$g(x)=\dfrac{3}{4}x^4+x^2-1$

따라서 $f(2)+g(2)=14+15=29$

8

조건 (가)에서 다항함수 $f(x)$는 짝수차항으로만 이루어져 있고 상수

항은 0이다.

이때 함수 $f'(x)$는 홀수차항으로만 이루어져 있으므로 모든 실수 x에

대하여 $f'(-x)=-f'(x)$이다.

$g(x)=xf(x)$이므로

$g(-x)=-xf(-x)$

$\qquad\quad=-xf(x)=-g(x)$

조건 (나)에서

$\displaystyle\int_0^2 g'(x)\,dx=\Big[g(x)\Big]_0^2=g(2)-g(0)=2f(2)=12$

이므로 $f(2)=6$

또 $g'(x)=f(x)+xf'(x)$이므로

$\displaystyle\int_0^2 g'(x)\,dx=\int_0^2\{f(x)+xf'(x)\}\,dx$

$\qquad\qquad\quad=\displaystyle\int_0^2 f(x)\,dx+\int_0^2 xf'(x)\,dx=12$ $\quad\cdots\cdots$ ㉠

조건 (다)에서

$\displaystyle\int_{-2}^2 x\{f'(x)+1\}^2\,dx$

$=\displaystyle\int_{-2}^2 x\{f'(x)\}^2\,dx+\int_{-2}^2 2xf'(x)\,dx+\int_{-2}^2 x\,dx$ $\quad\cdots\cdots$ ㉡

이때 $h_1(x)=x\{f'(x)\}^2$, $h_2(x)=xf'(x)$라 하면

$h_1(-x)=-x\{f'(-x)\}^2=-x\{f'(x)\}^2=-h_1(x)$

$h_2(-x)=-xf'(-x)=xf'(x)=h_2(x)$

이므로

$\displaystyle\int_{-2}^2 x\{f'(x)\}^2\,dx=\int_{-2}^2 h_1(x)\,dx=0$

$\displaystyle\int_{-2}^2 xf'(x)\,dx=\int_{-2}^2 h_2(x)\,dx=2\int_0^2 h_2(x)\,dx=2\int_0^2 xf'(x)\,dx$

또 $\displaystyle\int_{-2}^2 x\,dx=0$이므로 ㉡에서

$\displaystyle\int_{-2}^2 x\{f'(x)+1\}^2\,dx=0+4\int_0^2 xf'(x)\,dx+0=4\int_0^2 xf'(x)\,dx$

조건 (다)에서 $4\displaystyle\int_0^2 xf'(x)\,dx=32$이므로 $\displaystyle\int_0^2 xf'(x)\,dx=8$

이고 ㉠에서

$\displaystyle\int_0^2 f(x)\,dx=12-\int_0^2 xf'(x)\,dx=12-8=4$

따라서

$$\int_0^2 \{f'(x)+f(x)\}dx=\int_0^2 f'(x)dx+\int_0^2 f(x)dx$$

$$=\Big[f(x)\Big]_0^2+\int_0^2 f(x)dx$$

$$=f(2)-f(0)+\int_0^2 f(x)dx$$

$$=6-0+4$$

$$=10$$

9

닫힌구간 $[0,\ 2]$에서 $f(x)\leq0$이므로 곡선 $y=f(x)$와 x축으로 둘러싸인 부분의 넓이는

$$P=\int_0^2 (-x^3+2x^2)dx$$

$$=\Big[-\frac{1}{4}x^4+\frac{2}{3}x^3\Big]_0^2$$

$$=-4+\frac{16}{3}$$

$$=\frac{4}{3}$$

점 $(a,\ a^3-2a^2)$과 원점을 지나는 직선 l의 방정식은

$$y=\frac{a^3-2a^2}{a}x,\ 즉\ y=(a^2-2a)x$$

이고, 닫힌구간 $[0,\ a]$에서 $(a^2-2a)x\geq x^3-2x^2$이므로

닫힌구간 $[0,\ a]$에서 곡선 $y=f(x)$와 직선 l로 둘러싸인 부분의 넓이는

$$Q=\int_0^a \{(a^2-2a)x-(x^3-2x^2)\}dx$$

$$=\int_0^a \{-x^3+2x^2+(a^2-2a)x\}dx$$

$$=\Big[-\frac{1}{4}x^4+\frac{2}{3}x^3+\frac{a^2-2a}{2}x^2\Big]_0^a$$

$$=-\frac{1}{4}a^4+\frac{2}{3}a^3+\frac{a^4-2a^3}{2}$$

$$=\frac{1}{4}a^4-\frac{1}{3}a^3$$

따라서 $P:Q=1:b$에서

$$\frac{4}{3}:\Big(\frac{1}{4}a^4-\frac{1}{3}a^3\Big)=1:b$$

$$\frac{4}{3}b=\frac{1}{4}a^4-\frac{1}{3}a^3$$

$$b=\frac{3}{16}a^4-\frac{1}{4}a^3$$

이때

$$\int_2^a f(x)dx=\int_2^a (x^3-2x^2)dx$$

$$=\Big[\frac{1}{4}x^4-\frac{2}{3}x^3\Big]_2^a$$

$$=\Big(\frac{1}{4}a^4-\frac{2}{3}a^3\Big)-\Big(4-\frac{16}{3}\Big)$$

$$=\frac{1}{4}a^4-\frac{2}{3}a^3+\frac{4}{3}$$

이므로

$$\lim_{a\to\infty}\frac{1}{b}\int_2^a f(x)dx=\lim_{a\to\infty}\frac{\dfrac{1}{4}a^4-\dfrac{2}{3}a^3+\dfrac{4}{3}}{\dfrac{3}{16}a^4-\dfrac{1}{4}a^3}$$

$$=\lim_{a\to\infty}\frac{\dfrac{1}{4}-\dfrac{2}{3}\times\dfrac{1}{a}+\dfrac{4}{3}\times\dfrac{1}{a^4}}{\dfrac{3}{16}-\dfrac{1}{4}\times\dfrac{1}{a}}$$

$$=\frac{\dfrac{1}{4}}{\dfrac{3}{16}}$$

$$=\frac{4}{3}$$

10

함수 $f(x)=-x^3+ax^2-3ax+10$의 도함수는

$$f'(x)=-3x^2+2ax-3a$$

이때 삼차함수 $f(x)=-x^3+ax^2-3ax+10$의 역함수가 존재하려면 극값을 갖지 않아야 한다. 즉, 이차방정식 $f'(x)=0$이 서로 다른 두 실근을 갖지 않아야 하므로 이차방정식 $f'(x)=0$의 판별식을 D라 하면

$$\frac{D}{4}=a^2-9a=a(a-9)\leq0$$

$$0\leq a\leq9$$

따라서 a의 최솟값은 0이므로 $f(x)=-x^3+10$이고, 그 역함수인 $y=g(x)$의 그래프는 그림과 같다.

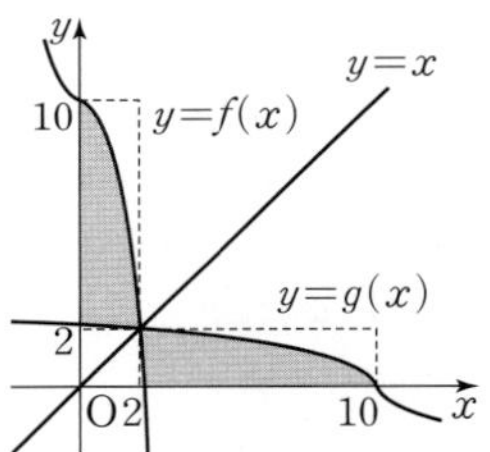

따라서

$$\int_2^{10} g(x)\,dx=\int_0^2 f(x)dx-2\times2$$

$$=\int_0^2 (-x^3+10)dx-4$$

$$=\Big[-\frac{1}{4}x^4+10x\Big]_0^2-4$$

$$=16-4$$

$$=12$$

1 ②	**2** ④	**3** ②	**4** ⑤
5 191	**6** ②	**7** ③	**8** ②
9 76	**10** ③		

1

$$\lim_{x\to 1-} 2f(x) - \lim_{x\to 1+} f(x)$$
$$=\lim_{x\to 1-} 2ax - \lim_{x\to 1+}(-x+a)$$
$$=2a-(-1+a)$$
$$=a+1$$
이므로
$a+1=3$에서 $a=2$

2

함수 $f(x)$가 실수 전체의 집합에서 연속이므로 $x=2$에서도 연속이어야 한다.

즉, $\lim_{x\to 2-} f(x)=\lim_{x\to 2+} f(x)=f(2)$

$\lim_{x\to 2-}(x-a)=\lim_{x\to 2+}(ax+3)=2a+3$

$2-a=2a+3$

$3a=-1$

$a=-\dfrac{1}{3}$

따라서 $f(x)=\begin{cases} x+\dfrac{1}{3} & (x<2) \\ -\dfrac{1}{3}x+3 & (x\geq 2)\end{cases}$ 이므로

$f(1)+f(3)=\left(1+\dfrac{1}{3}\right)+(-1+3)=\dfrac{10}{3}$

3

$\lim_{x\to 1}\dfrac{f(x)-5}{x^2+x-2}=3$에서 $x\to 1$일 때 (분모)$\to 0$이고 극한값이 존재하므로 (분자)$\to 0$이어야 한다.

즉, $\lim_{x\to 1}\{f(x)-5\}=0$이고 다항함수 $f(x)$는 연속함수이므로
$f(1)-5=0$에서 $f(1)=5$

$\lim_{x\to 1}\dfrac{f(x)-5}{x^2+x-2}=3$에서

$\lim_{x\to 1}\dfrac{f(x)-5}{x^2+x-2}=\lim_{x\to 1}\dfrac{f(x)-f(1)}{(x-1)(x+2)}=\dfrac{f'(1)}{3}=3$

$f'(1)=9$

$\lim_{x\to -1}\dfrac{f(x^2)-5}{x+1}=\lim_{x\to -1}\dfrac{f(x^2)-f(1)}{x+1}$

$$=\lim_{x\to -1}\left\{\dfrac{f(x^2)-f(1)}{(x+1)(x-1)}\times(x-1)\right\}$$

$$=\lim_{x\to -1}\dfrac{f(x^2)-f(1)}{x^2-1}\times(-2)$$

$$=-2f'(1)$$

$$=-18$$

4

함수 $h(x)$가 $x=0$에서 미분가능하면 $x=0$에서 연속이므로
$\lim_{x\to 0-} h(x)=\lim_{x\to 0+} h(x)=h(0)$이어야 한다. 이때

$\lim_{x\to 0-} h(x)=\lim_{x\to 0-} f(x)=f(0)$

$\lim_{x\to 0+} h(x)=\lim_{x\to 0+} g(x)=g(0)$

이므로

$f(0)=g(0)=h(0)$

한편, 함수 $h(x)$가 $x=0$에서 미분가능하므로

$\lim_{x\to 0-}\dfrac{h(x)-h(0)}{x}=\lim_{x\to 0+}\dfrac{h(x)-h(0)}{x}$

이어야 한다.

이때 두 다항함수 $f(x)$, $g(x)$는 $x=0$에서 미분가능하므로

$\lim_{x\to 0-}\dfrac{h(x)-h(0)}{x}=\lim_{x\to 0-}\dfrac{f(x)-f(0)}{x}=f'(0)$

$\lim_{x\to 0+}\dfrac{h(x)-h(0)}{x}=\lim_{x\to 0+}\dfrac{g(x)-g(0)}{x}=g'(0)$

즉, $h'(0)=f'(0)=g'(0)$이므로

$\lim_{x\to 0}\dfrac{f(x)+2g(x)-3f(0)}{x}$

$$=\lim_{x\to 0}\dfrac{\{f(x)-f(0)\}+2\{g(x)-f(0)\}}{x}$$

$$=\lim_{x\to 0}\dfrac{\{f(x)-f(0)\}+2\{g(x)-g(0)\}}{x}$$

$$=\lim_{x\to 0}\dfrac{f(x)-f(0)}{x}+2\times\lim_{x\to 0}\dfrac{g(x)-g(0)}{x}$$

$$=f'(0)+2g'(0)=3h'(0)$$

따라서

$\dfrac{1}{h'(0)}\times\lim_{x\to 0}\dfrac{f(x)+2g(x)-3f(0)}{x}=\dfrac{3h'(0)}{h'(0)}=3$

5

함수 $y=f(x-t)$의 그래프는 함수 $y=f(x)$의 그래프를 x축의 방향으로 t만큼 평행이동한 것이다.

함수 $g(x)$가 실수 전체의 집합에서 연속이 되도록 하는 실수 a의 값은 두 함수 $y=f(x)$, $y=f(x-t)$의 그래프의 교점의 x좌표 중 하나이다.

두 곡선 $y=f(x)$, $y=f(x-t)$가 서로 접할 때 t의 값을 t_1이라 하자.

(i) $t=t_1$일 때,

두 곡선 $y=f(x)$, $y=f(x-t)$는 [그림 1]과 같으므로
$h(t)=1$

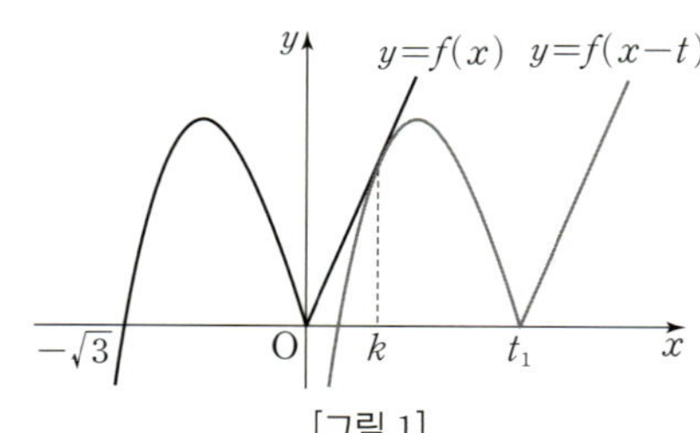

(ii) $0<t<t_1$일 때,

두 곡선 $y=f(x)$, $y=f(x-t)$는 [그림 2]와 같으므로

$h(t)=2$

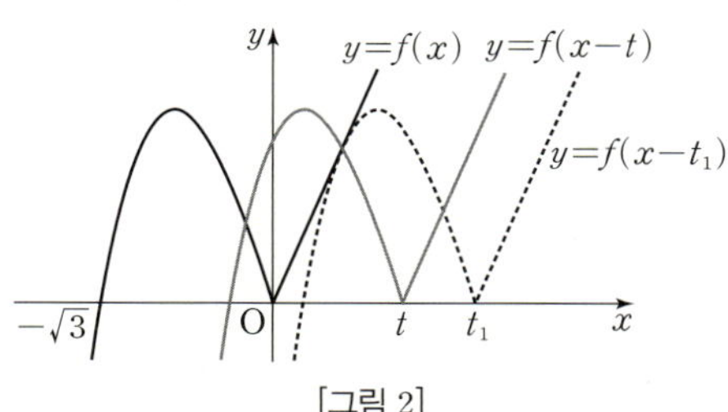

[그림 2]

(iii) $t>t_1$일 때,

두 곡선 $y=f(x)$, $y=f(x-t)$는 [그림 3]과 같으므로

$h(t)=0$

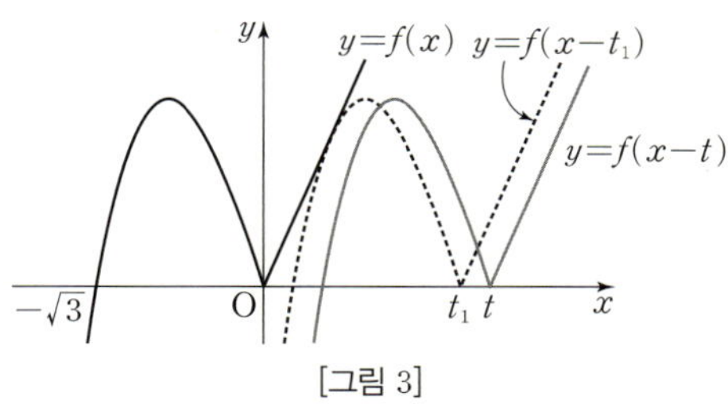

[그림 3]

(i), (ii), (iii)에서 함수 $h(t)$는 $t=t_1$에서 불연속이다.

즉, $t=t_1$일 때 직선 $y=\dfrac{7}{3}x$가 곡선 $y=(x-t)^3-3(x-t)$와 점

$\left(k, \dfrac{7}{3}k\right)\ (0<k<t_1)$에서 접한다고 하자.

$y=(x-t)^3-3(x-t)$에서 $y'=3(x-t)^2-3$

곡선 $y=(x-t_1)^3-3(x-t_1)$ 위의 점 $\left(k, \dfrac{7}{3}k\right)$에서의

접선의 기울기가 $\dfrac{7}{3}$이므로

$3(k-t_1)^2-3=\dfrac{7}{3}$, $(k-t_1)^2=\dfrac{16}{9}$

$k-t_1=-\dfrac{4}{3}$ $\qquad$ $\cdots\cdots$ ㉠

점 $\left(k, \dfrac{7}{3}k\right)$가 곡선 $y=(x-t_1)^3-3(x-t_1)$ 위의 점이므로

$(k-t_1)^3-3(k-t_1)=\dfrac{7}{3}k$ $\qquad$ $\cdots\cdots$ ㉡

㉠, ㉡에서

$-\dfrac{64}{27}-3\times\left(-\dfrac{4}{3}\right)=\dfrac{7}{3}k$

$k=\dfrac{44}{63}$

㉠에서 $t_1=\dfrac{44}{63}+\dfrac{4}{3}=\dfrac{128}{63}$, 즉 $a=\dfrac{128}{63}$

따라서 $p=63$, $q=128$이므로

$p+q=63+128=191$

6

$g(x)=x^2-6x+10$이라 하자.

$g(t)=g(t+2)$에서

$t^2-6t+10=(t+2)^2-6(t+2)+10$

$4t=8$, $t=2$

(i) $0<t<2$일 때,

$g(t)>g(t+2)$이므로

$f(t)=t\times g(t+2)=t\{(t+2)^2-6(t+2)+10\}=t^3-2t^2+2t$

이때 $f'(t)=3t^2-4t+2$이고 이차방정식 $f'(t)=0$의 판별식을

D라 하면

$\dfrac{D}{4}=4-6=-2<0$

이므로 $f'(t)>0$이다.

즉, $0<t<2$에서 함수 $f(t)$는 증가한다.

(ii) $t>2$일 때,

$g(t)\leq g(t+2)$이므로

$f(t)=t\times g(t)=t^3-6t^2+10t$

이때 $f'(t)=3t^2-12t+10$이고 $f'(t)=0$에서 $t=\dfrac{6+\sqrt{6}}{3}$이며,

$t=\dfrac{6+\sqrt{6}}{3}$의 좌우에서 $f'(t)$의 부호가 음에서 양으로 바뀌므로

함수 $f(t)$는 $t=\dfrac{6+\sqrt{6}}{3}$에서 극소이다.

$f(2)=4$이므로 (i), (ii)에 의하여 함수 $y=f(t)$의 그래프는 그림과

같다.

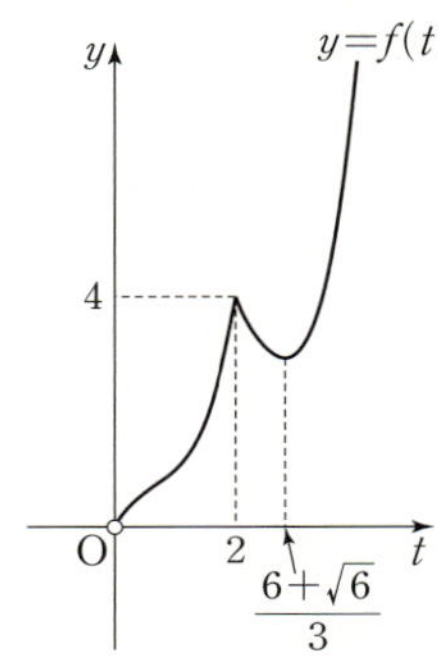

이때 $f(2)=4$이고 $t>2$에서 $f(t)=4$이면

$t^3-6t^2+10t=4$에서

$t^3-6t^2+10t-4=0$

$(t-2)(t^2-4t+2)=0$

$t>2$이므로 $t=2+\sqrt{2}$

그러므로 구간 $(0, a]$에서 함수 $f(t)$의 최댓값이 4가 되도록 하는 양

수 a의 값의 범위는

$2\leq a\leq 2+\sqrt{2}$

따라서 $M=2+\sqrt{2}$, $m=2$이므로

$M+m=4+\sqrt{2}$

7

$f(x)=x^3+ax^2+bx+c$ (a, b, c는 상수)라 하면

$f'(x)=3x^2+2ax+b$이므로

조건 (가)에서

$f'(1)=3+2a+b=0$ $\qquad$ $\cdots\cdots$ ㉠

조건 (나)에서

$$\int_{-1}^{1} x^2(3x^2+2ax+b)\,dx = \int_{-1}^{1}(3x^4+2ax^3+bx^2)\,dx$$
$$=2\int_{0}^{1}(3x^4+bx^2)\,dx$$
$$=2\left[\frac{3}{5}x^5+\frac{1}{3}bx^3\right]_{0}^{1}$$
$$=2\left(\frac{3}{5}+\frac{1}{3}b\right)=0$$

에서
$$b=-\frac{9}{5}$$

이것을 ㉠에 대입하면
$$a=-\frac{3}{5}$$

$$f'(x)=3x^2-\frac{6}{5}x-\frac{9}{5}$$
$$=\frac{3}{5}(5x^2-2x-3)$$
$$=\frac{3}{5}(x-1)(5x+3)$$

$f'(x)=0$에서
$$x=1 \text{ 또는 } x=-\frac{3}{5}$$

따라서 $x=-\dfrac{3}{5}$일 때 극댓값을 갖는다.

즉, $a=-\dfrac{3}{5}$이다.

8

$\displaystyle\lim_{x\to 0}\dfrac{f(x)+1}{x}=3$에서 $x\to 0$일 때 (분모)$\to 0$이고 극한값
이 존재하므로 (분자)$\to 0$이어야 한다.
즉, $\displaystyle\lim_{x\to 0}\{f(x)+1\}=f(0)+1=0$에서
$$f(0)=-1$$
$$\lim_{x\to 0}\frac{f(x)+1}{x}=\lim_{x\to 0}\frac{f(x)-f(0)}{x}$$
$$=f'(0)$$
$$=3$$

따라서 삼차함수 $f(x)$는 $f(0)=-1$, $f'(0)=3$이므로
$f(x)=ax^3+bx^2+3x-1$ (a, b는 상수, $a\neq 0$)
으로 놓을 수 있다.
$4F(x)=(x-1)f(x)$의 양변에 $x=0$을 대입하면
$4F(0)=-f(0)=1$, 즉 $F(0)=\dfrac{1}{4}$
$$F(x)=\int f(x)\,dx$$
$$=\frac{a}{4}x^4+\frac{b}{3}x^3+\frac{3}{2}x^2-x+C \ (\text{단, } C\text{는 적분상수})$$
$F(0)=\dfrac{1}{4}$에서
$$C=\frac{1}{4}$$
즉, $F(x)=\dfrac{a}{4}x^4+\dfrac{b}{3}x^3+\dfrac{3}{2}x^2-x+\dfrac{1}{4}$

모든 실수 x에 대하여 $4F(x)=(x-1)f(x)$이므로
$$ax^4+\frac{4b}{3}x^3+6x^2-4x+1$$
$$=(x-1)(ax^3+bx^2+3x-1)$$
$$=ax^4+(b-a)x^3+(3-b)x^2-4x+1$$
에서 $\dfrac{4b}{3}=b-a$, $6=3-b$
따라서 $a=1$, $b=-3$이므로
$$f(x)=x^3-3x^2+3x-1$$
이때 $F(x)=\dfrac{1}{4}x^4-x^3+\dfrac{3}{2}x^2-x+\dfrac{1}{4}$이므로
$$f(2)+F(2)=1+\frac{1}{4}=\frac{5}{4}$$

9

직선 $y=-2x+4$와 x축 및 y축으로 둘러싸인 부분의 넓이는
$$\frac{1}{2}\times 2\times 4=4$$
이므로 곡선 $y=ax^2$에 의하여 나뉘어진 두 부분의 넓이는 각각 2이다.

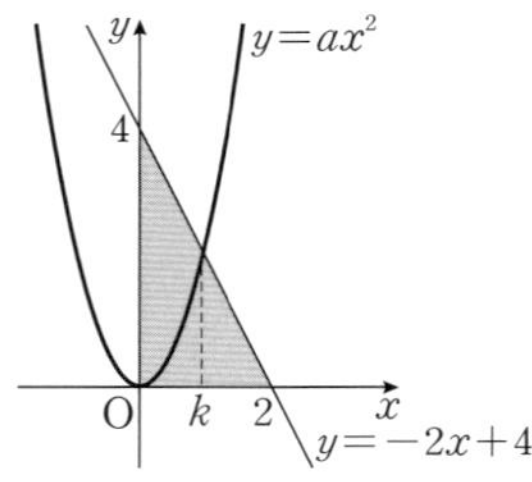

제1사분면에서 곡선 $y=ax^2$과 직선 $y=-2x+4$의 교점의 x좌표를
$k\ (0<k<2)$라 하면
$$ak^2=-2k+4 \quad\cdots\cdots ㉠$$
곡선 $y=ax^2$과 직선 $y=-2x+4$ 및 x축으로 둘러싸인 부분의 넓이
를 S라 하면
$$S=\int_{0}^{k}ax^2\,dx+\frac{1}{2}\times(2-k)\times(-2k+4)$$
$$=\left[\frac{a}{3}x^3\right]_{0}^{k}+(2-k)^2$$
$$=\frac{1}{3}ak^3+k^2-4k+4$$

㉠을 대입하면
$$S=\frac{1}{3}k\times(-2k+4)+k^2-4k+4$$
$$=\frac{1}{3}k^2-\frac{8}{3}k+4=2$$

$k^2-8k+6=0$이고 $0<k<2$이므로 $k=4-\sqrt{10}$
㉠에서
$$a=\frac{-2k+4}{k^2}=\frac{-2(4-\sqrt{10})+4}{(4-\sqrt{10})^2}=\frac{-2+\sqrt{10}}{13-4\sqrt{10}}$$
$$=\frac{(-2+\sqrt{10})(13+4\sqrt{10})}{13^2-(4\sqrt{10})^2}=\frac{14+5\sqrt{10}}{9}$$
따라서 $p=\dfrac{14}{9}$, $q=\dfrac{5}{9}$이므로
$$36(p+q)=36\left(\frac{14}{9}+\frac{5}{9}\right)=76$$

10

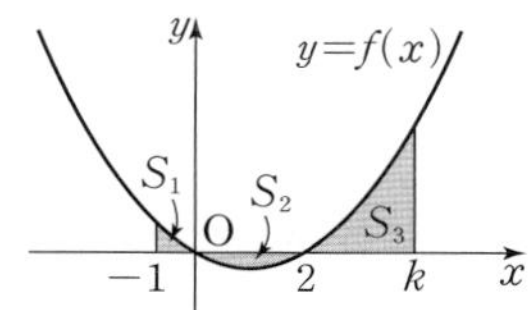

$$S_1=\int_{-1}^{0}|f(x)|\,dx$$
$$=\int_{-1}^{0}(3x^2-6x)\,dx$$
$$=\Big[x^3-3x^2\Big]_{-1}^{0}$$
$$=4$$

곡선 $y=f(x)$와 x축이 만나는 점의 x좌표는
$3x^2-6x=0$에서
$3x(x-2)=0$
$x=0$ 또는 $x=2$

$$S_2=\int_{0}^{2}|f(x)|\,dx$$
$$=\int_{0}^{2}(-3x^2+6x)\,dx$$
$$=\Big[-x^3+3x^2\Big]_{0}^{2}$$
$$=4$$

$$S_3=\int_{2}^{k}|f(x)|\,dx$$
$$=\int_{2}^{k}(3x^2-6x)\,dx$$
$$=\Big[x^3-3x^2\Big]_{2}^{k}$$
$$=k^3-3k^2+4$$

$\dfrac{S_1}{2}$, S_2, $\dfrac{S_3}{9}$이 이 순서대로 등차수열을 이루므로

$$\frac{S_1}{2}+\frac{S_3}{9}=2S_2$$
$$2+\frac{k^3-3k^2+4}{9}=8$$
$$k^3-3k^2-50=0$$
$$(k-5)(k^2+2k+10)=0$$

따라서 $k^2+2k+10=0$은 허근을 가지므로
$k=5$

---

1 ④	**2** ②	**3** ④	**4** 25
5 ⑤	**6** ④	**7** ①	**8** ①
9 16	**10** ③		

1

주어진 그래프에서
$$\lim_{x\to0-}f(x)=0,\ \lim_{x\to1+}f(x)=0,\ f(2)=1$$
따라서 $\lim\limits_{x\to0-}f(x)+\lim\limits_{x\to1+}f(x)+f(2)=0+0+1=1$

2

$f(2)=2$라 가정하면

$\lim\limits_{x\to2}\dfrac{3-f(x)}{x-f(2)}=4$에서 $x\to2$일 때 (분모)$\to0$이고 극한값이 존재하

므로 (분자)$\to0$이어야 한다.

$\lim\limits_{x\to2}\{3-f(x)\}=3-\lim\limits_{x\to2}f(x)=0$이므로

$$\lim_{x\to2}f(x)=3$$

그런데 $f(2)\neq\lim\limits_{x\to2}f(x)$이므로 조건 (나)를 만족시키지 않는다.

즉, $f(2)\neq2$

$$\lim_{x\to2}\frac{3-f(x)}{x-f(2)}=\frac{3-\lim\limits_{x\to2}f(x)}{\lim\limits_{x\to2}x-f(2)}$$
$$=\frac{3-\lim\limits_{x\to2}f(x)}{2-f(2)}=4$$

에서

$$3-\lim_{x\to2}f(x)=8-4f(2)$$

조건 (나)에서 $f(2)=\lim\limits_{x\to2}f(x)$이므로

$$3-f(2)=8-4f(2)$$

따라서 $f(2)=\dfrac{5}{3}$

3

$$f(x)=\begin{cases}a(1-x)+b & (x<2)\\ x^3+ax & (x\geq2)\end{cases}$$

함수 $f(x)$가 $x=2$에서 미분가능하므로 $x=2$에서 연속이다.

즉, $\lim\limits_{x\to2-}f(x)=\lim\limits_{x\to2+}f(x)=f(2)$

$$\lim_{x\to2-}f(x)=\lim_{x\to2-}\{a(1-x)+b\}=-a+b$$
$$\lim_{x\to2+}f(x)=\lim_{x\to2+}(x^3+ax)=8+2a$$

$f(2)=8+2a$에서
$$-a+b=8+2a$$
$$b=3a+8 \quad\cdots\cdots\ \text{㉠}$$

또한 $x=2$에서 미분가능하므로

$$\lim_{x \to 2-} \frac{f(x)-f(2)}{x-2} = \lim_{x \to 2-} \frac{\{a(1-x)+b\}-(8+2a)}{x-2}$$
$$= \lim_{x \to 2-} \frac{\{a(1-x)+3a+8\}-(8+2a)}{x-2}$$
$$= \lim_{x \to 2-} \frac{a(2-x)}{x-2} = -a$$

$$\lim_{x \to 2+} \frac{f(x)-f(2)}{x-2} = \lim_{x \to 2+} \frac{(x^3+ax)-(8+2a)}{x-2}$$
$$= \lim_{x \to 2+} \frac{(x^3-8)+a(x-2)}{x-2}$$
$$= \lim_{x \to 2+} \frac{(x-2)(x^2+2x+4)+a(x-2)}{x-2}$$
$$= \lim_{x \to 2+} (x^2+2x+4+a) = 12+a$$

에서 $-a=12+a$, $a=-6$

㉠에서 $b=-10$이므로

$a-b=-6-(-10)=4$

4

방정식 $f(x)=0$의 서로 다른 두 실근을 α, β $(\alpha<\beta)$라 하면 서로 다른 두 실근의 합이 2이므로

$\alpha+\beta=2$

$f(x)=(x-\alpha)(x-\beta)$이므로

$f'(x)=2x-\alpha-\beta=2x-2$에서

$g(x)=2(x-\alpha)(x-\beta)(x-1)$

따라서 함수 $h(x)=|g(x)|$의 그래프는 그림과 같다.

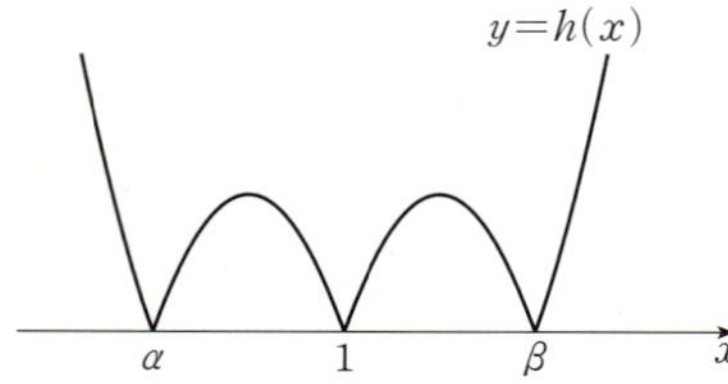

(i) $\alpha<0$일 때

실수 k의 최솟값이 0이므로 함수 $y=h(x)$의 그래프와 직선 $y=\dfrac{1}{4}x$는 교점의 개수가 5가 될 수 없다.

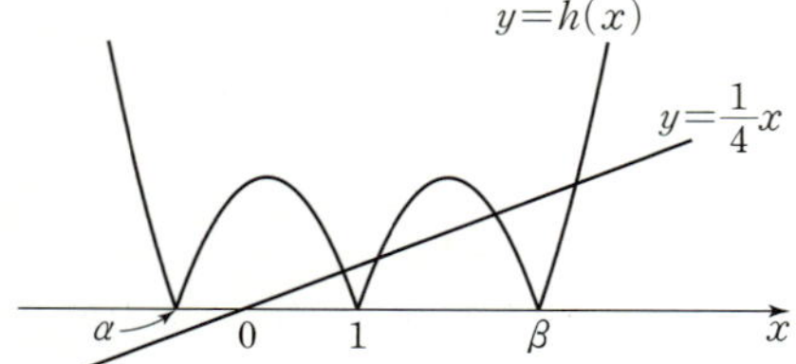

(ii) $\alpha \geq 0$일 때

실수 k의 최솟값이 0이 되는 경우는 그림과 같이 $\alpha=0$일 때이다.

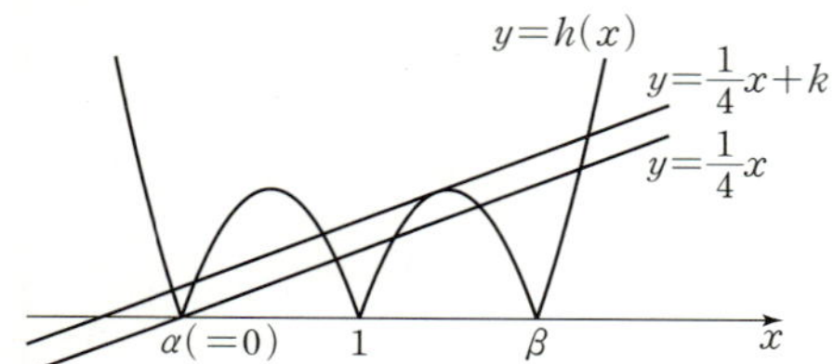

따라서 $\beta=2-\alpha=2$이므로

$g(x)=2x(x-1)(x-2)$

$g'(x)=2(x-1)(x-2)+2x(x-2)+2x(x-1)$
$\quad =6x^2-12x+4$

이고 함수 $y=h(x)$의 그래프와 직선 $y=\dfrac{1}{4}x+k$의 접점의 x좌표를 t라 하면

$6t^2-12t+4=-\dfrac{1}{4}$에서 $24t^2-48t+17=0$

$1<t<2$이므로

$t=\dfrac{12+\sqrt{42}}{12}=1+\dfrac{\sqrt{42}}{12}$

따라서 접점의 y좌표는

$$-g\left(1+\frac{\sqrt{42}}{12}\right)=-2 \times \left(1+\frac{\sqrt{42}}{12}\right) \times \frac{\sqrt{42}}{12} \times \left(\frac{\sqrt{42}}{12}-1\right)=\frac{17\sqrt{42}}{144}$$

이므로 실수 k의 최댓값은

$$\frac{17\sqrt{42}}{144}-\frac{1}{4} \times \left(1+\frac{\sqrt{42}}{12}\right)=\frac{7\sqrt{42}-18}{72}$$

즉, $a=7$, $b=18$이므로

$a+b=25$

5

$f(x)=x^3-2x$에서 $f'(x)=3x^2-2$

$f'(-1)=1$이므로 점 $A(-1, 1)$에서의 접선의 방정식은

$y-1=1 \times (x+1)$, $y=x+2$

곡선 $y=f(x)$와 이 접선이 만나는 점 B의 x좌표는

$x^3-2x=x+2$에서

$x^3-3x-2=0$, $(x+1)^2(x-2)=0$

이므로 $x=2$

즉, 점 B의 좌표는 $(2, 4)$이다.

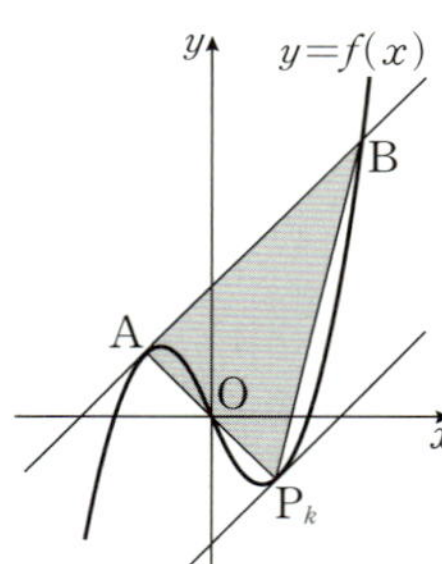

삼각형 AP_kB의 넓이가 최대가 되려면 점 P_k와 직선 AB 사이의 거리가 최대가 되어야 하므로 점 P_k에서의 접선의 기울기는 직선 AB의 기울기와 같아야 한다.

$f'(k)=3k^2-2=1$에서 $3k^2=3$

$-1<k<2$이므로 $k=1$

점 $(1, -1)$과 직선 $x-y+2=0$ 사이의 거리를 d라 하면

$$d=\frac{|1 \times 1-1 \times (-1)+2|}{\sqrt{1^2+(-1)^2}}=2\sqrt{2}$$

따라서 구하는 삼각형 AP_kB의 넓이의 최댓값은

$$\frac{1}{2} \times \overline{AB} \times d = \frac{1}{2} \times \sqrt{(2+1)^2+(4-1)^2} \times 2\sqrt{2}=6$$

6

부등식 $f(2\sin x)\geq 16\sin^2 x$에서

$t=2\sin x$로 놓으면

$-2\leq t\leq 2$

$f(t)\geq 4t^2$에서

$\dfrac{1}{2}t^4-2t^3+k\geq 4t^2$

$\dfrac{1}{2}t^4-2t^3-4t^2+k\geq 0$

$g(t)=\dfrac{1}{2}t^4-2t^3-4t^2+k$로 놓으면

$g'(t)=2t^3-6t^2-8t=2t(t+1)(t-4)$

$g'(t)=0$에서 $t=-1$ 또는 $t=0$ 또는 $t=4$

$-2\leq t\leq 2$에서 함수 $g(t)$의 증가와 감소를 표로 나타내면 다음과 같다.

t	-2	$\cdots$	-1	$\cdots$	0	$\cdots$	2
$g'(t)$		$-$	0	$+$	0	$-$	
$g(t)$	$8+k$	$\searrow$	$-\dfrac{3}{2}+k$	$\nearrow$	k	$\searrow$	$-24+k$

$-2\leq t\leq 2$에서 함수 $g(t)$는 $t=2$에서 최솟값 $-24+k$를 가지므로

$-24+k\geq 0$

$k\geq 24$

따라서 k의 최솟값은 24이다.

7

$f'(x)=2x-4$이므로

$f(x)=\displaystyle\int(2x-4)dx=x^2-4x+C$ (C는 적분상수)

$f(2)=4-8+C=0$에서 $C=4$

따라서 $f(x)=x^2-4x+4$이므로

$f(1)=1-4+4=1$

8

$f(x)=\displaystyle\int_0^x x(2t+a)\,dt=x\int_0^x(2t+a)\,dt$

의 양변을 x에 대하여 미분하면

$f'(x)=\displaystyle\int_0^x(2t+a)\,dt+x(2x+a)$

따라서

$f'(1)=\displaystyle\int_0^1(2t+a)\,dt+(2+a)=\Big[t^2+at\Big]_0^1+(2+a)$

$\qquad=(1+a)+(2+a)=2a+3=5$

이므로 $a=1$

9

$f(x)=x^3-6x^2+12x-12$에서

$f'(x)=3x^2-12x+12=3(x-2)^2$

모든 실수 x에 대하여 $f'(x)\geq 0$이므로 함수 $f(x)$는 실수 전체의 집합에서 증가한다.

곡선 $y=f(x)$와 직선 $y=x$가 만나는 점의 x좌표는

$x^3-6x^2+12x-12=x$에서

$x^3-6x^2+11x-12=0$

$(x-4)(x^2-2x+3)=0$

따라서 $x=4$

두 곡선 $y=f(x)$, $y=g(x)$와 직선 $y=x$는 그림과 같다.

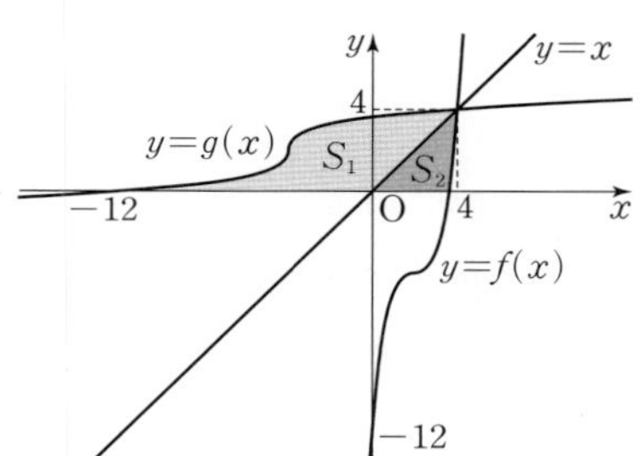

곡선 $y=g(x)$와 x축 및 직선 $y=x$로 둘러싸인 부분의 넓이를 S_1, 곡선 $y=f(x)$와 x축 및 직선 $y=x$로 둘러싸인 부분의 넓이를 S_2라 하면 구하는 넓이 S는

$S=S_1+S_2$

두 곡선 $y=f(x)$와 $y=g(x)$는 직선 $y=x$에 대하여 대칭이므로

$S_1=\displaystyle\int_0^4\{x-f(x)\}dx=\int_0^4\{x-(x^3-6x^2+12x-12)\}dx$

$\quad=\displaystyle\int_0^4(-x^3+6x^2-11x+12)dx$

$\quad=\Big[-\dfrac{1}{4}x^4+2x^3-\dfrac{11}{2}x^2+12x\Big]_0^4=24$

$S_2=\displaystyle\int_0^4\{g(x)-x\}dx=\int_0^4 g(x)dx-\int_0^4 x\,dx$

$\quad=\displaystyle\int_0^4 g(x)dx-\Big[\dfrac{1}{2}x^2\Big]_0^4=\int_0^4 g(x)dx-8$

$S=S_1+S_2=24+\Big\{\displaystyle\int_0^4 g(x)dx-8\Big\}=16+\int_0^4 g(x)dx$

따라서 $S-\displaystyle\int_0^4 g(x)dx=16$

10

원점을 동시에 출발한 두 점 P, Q가 $t=a$ $(a>0)$일 때 만난다고 하면

$\displaystyle\int_0^a v_1(t)\,dt=\int_0^a v_2(t)\,dt$에서

$\displaystyle\int_0^a(t^2-2t+9)\,dt=\int_0^a\Big(2t+\dfrac{19}{3}\Big)dt$

$\Big[\dfrac{1}{3}t^3-t^2+9t\Big]_0^a=\Big[t^2+\dfrac{19}{3}t\Big]_0^a$, $\dfrac{1}{3}a^3-a^2+9a=a^2+\dfrac{19}{3}a$

$\dfrac{1}{3}a^3-2a^2+\dfrac{8}{3}a=0$, $\dfrac{1}{3}a(a^2-6a+8)=0$

$\dfrac{1}{3}a(a-2)(a-4)=0$

$a>0$이므로 $a=2$ 또는 $a=4$

따라서 점 Q가 움직인 거리는

$\displaystyle\int_2^4\Big|2t+\dfrac{19}{3}\Big|dt=\int_2^4\Big(2t+\dfrac{19}{3}\Big)dt=\Big[t^2+\dfrac{19}{3}t\Big]_2^4$

$\qquad=\Big(16+\dfrac{76}{3}\Big)-\Big(4+\dfrac{38}{3}\Big)=\dfrac{74}{3}$

05회 미니모의고사

1 ④	**2** ④	**3** ⑤	**4** ⑤
5 59	**6** ⑤	**7** ⑤	**8** ①
9 ③	**10** ③		

1

함수 $y=f(x)$의 그래프에서

$$\lim_{x \to -1+} f(x)=1, \ \lim_{x \to 2-} f(x)=0$$

따라서 $\displaystyle\lim_{x \to -1+} f(x)+\lim_{x \to 2-} f(x)=1+0=1$

2

$\displaystyle\lim_{x \to -2} \frac{(x+1)f(x)}{x+2}=0$이고, $x \to -2$일 때 (분모)$\to 0$이므로

(분자)$\to 0$이어야 한다.

$\displaystyle\lim_{x \to -2}(x+1)f(x)=-f(-2)=0$에서

$f(-2)=0$

$f(x)=(x+2)(x+a)$ (a는 상수) $\cdots\cdots$ ㉠

이라 하면

$\displaystyle\lim_{x \to -2} \frac{(x+1)(x+2)(x+a)}{x+2}=0$에서

$\displaystyle\lim_{x \to -2}(x+1)(x+a)=0$

$-(-2+a)=0$, $a=2$이므로

㉠에서 $f(x)=(x+2)^2$

따라서 $f(3)=5^2=25$

3

$\displaystyle\lim_{x \to 0}\{f(x)-x\} \neq 0$, 즉 $\displaystyle\lim_{x \to 0}f(x) \neq 0$이면

$\displaystyle\lim_{x \to 0} \frac{f(x)+2x^2}{f(x)-x}=\frac{f(0)}{f(0)}=1$이 되어 조건을 만족시키지 않는다.

따라서 $\displaystyle\lim_{x \to 0}f(x)=0$이고 $f(x)$는 다항함수이므로

$f(0)=0$

$$\begin{aligned}
\lim_{x \to 0} \frac{f(x)+2x^2}{f(x)-x}&=\lim_{x \to 0} \frac{\dfrac{f(x)}{x}+2x}{\dfrac{f(x)}{x}-1}\\
&=\lim_{x \to 0} \frac{\dfrac{f(x)-f(0)}{x-0}+2x}{\dfrac{f(x)-f(0)}{x-0}-1}\\
&=\frac{f'(0)+0}{f'(0)-1}\\
&=\frac{f'(0)}{f'(0)-1}
\end{aligned}$$

이므로 $\dfrac{f'(0)}{f'(0)-1}=3$에서

$3f'(0)-3=f'(0)$

$2f'(0)=3$

따라서 $f'(0)=\dfrac{3}{2}$

4

함수 $f(x)$가 실수 전체의 집합에서 미분가능하므로 $x=-1$에서도 미분가능하다.

함수 $f(x)$가 $x=-1$에서 미분가능하면 $x=-1$에서 연속이므로

$$\lim_{x \to -1-} f(x)=\lim_{x \to -1+} f(x)=f(-1)$$

이어야 한다.

이때

$$\lim_{x \to -1-} f(x)=\lim_{x \to -1-}(ax^2+x-3)=a-4$$

$$\lim_{x \to -1+} f(x)=\lim_{x \to -1+}(bx+1)=-b+1$$

$f(-1)=-b+1$

이므로 $a-4=-b+1$에서

$a+b=5$ $\cdots\cdots$ ㉠

한편, 함수 $f(x)$가 $x=-1$에서 미분가능하므로

$$\lim_{x \to -1-} \frac{f(x)-f(-1)}{x-(-1)}=\lim_{x \to -1+} \frac{f(x)-f(-1)}{x-(-1)}$$

이어야 한다.

이때

$$\begin{aligned}
\lim_{x \to -1-} \frac{f(x)-f(-1)}{x-(-1)}&=\lim_{x \to -1-} \frac{(ax^2+x-3)-(-b+1)}{x+1}\\
&=\lim_{x \to -1-} \frac{(ax^2+x-3)-(a-4)}{x+1}\\
&=\lim_{x \to -1-} \frac{(x+1)(ax-a+1)}{x+1}\\
&=\lim_{x \to -1-}(ax-a+1)=-2a+1
\end{aligned}$$

$$\begin{aligned}
\lim_{x \to -1+} \frac{f(x)-f(-1)}{x-(-1)}&=\lim_{x \to -1+} \frac{(bx+1)-(-b+1)}{x+1}\\
&=\lim_{x \to -1+} \frac{b(x+1)}{x+1}\\
&=\lim_{x \to -1+} b=b
\end{aligned}$$

이므로 $-2a+1=b$에서

$2a+b=1$ $\cdots\cdots$ ㉡

㉠, ㉡을 연립하여 풀면

$a=-4$, $b=9$

따라서

$$f(x)=\begin{cases} -4x^2+x-3 & (x<-1) \\ 9x+1 & (x \geq -1) \end{cases}$$

이므로

$$\begin{aligned}
f(2)-f(-2)&=(18+1)-(-16-2-3)\\
&=19-(-21)\\
&=40
\end{aligned}$$

5

서로 다른 2개의 동전을 던졌을 때, 앞면이 나온 동전의 개수는 0 또는
1 또는 2이고 극댓값을 갖기 위한 함수 $f(x)$는

(1) $f(x)=x^2(x-2)$

(2) $f(x)=x(x-2)^2$

(3) $f(x)=(x-1)^2(x-2)$

(4) $f(x)=(x-1)(x-2)^2$

(5) $f(x)=x(x-1)(x-2)$

(1), (2), (3), (4), (5)의 그래프의 개형은 그림과 같다.

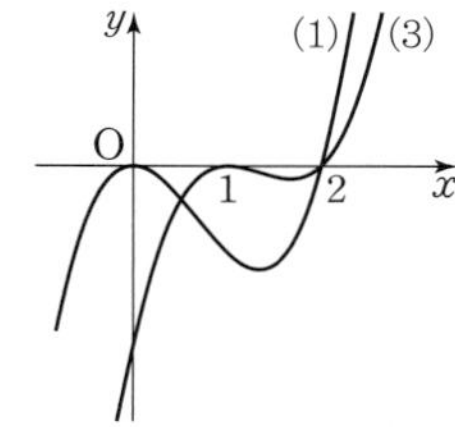

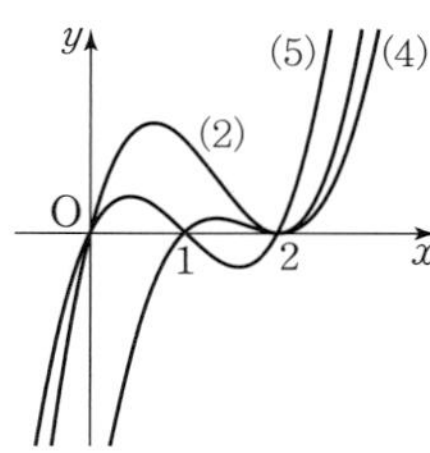

(2) $f(x)=x(x-2)^2$인 경우에 극댓값 M이 최대가 된다.

$f(x)=x(x-2)^2$에서

$f'(x)=(x-2)^2+2x(x-2)$

$\qquad =(x-2)(3x-2)$

이므로 $f'(x)=0$에서

$x=\dfrac{2}{3}$ 또는 $x=2$

따라서 $x=\dfrac{2}{3}$에서 함수 $f(x)$는 극대이므로 M의 최댓값은

$f\left(\dfrac{2}{3}\right)=\dfrac{2}{3}\times\left(\dfrac{2}{3}-2\right)^2=\dfrac{32}{27}$

즉, $p=27$, $q=32$이므로

$p+q=27+32=59$

6

ㄱ. $f(x)=x^3-3x^2+ax$에서

$f'(x)=3x^2-6x+a=3(x-1)^2+a-3$

이차방정식 $f'(x)=0$이 서로 다른 두 실근을 갖지 않는 경우 함
수 $f(x)$는 증가하는 함수로 방정식
$|f(x)-f(1)|=f(7)-f(1)$의 서로 다른 실근의 개수는 2로 조
건을 만족시키지 않는다.

그러므로 이차방정식 $f'(x)=0$은 서로 다른 두 실근
α, β $(\alpha<\beta)$를 가지며 함수 $f(x)$는 최고차항의 계수가 양수인
삼차함수이므로 $x=\alpha$에서 극댓값 $f(\alpha)$, $x=\beta$에서 극솟값 $f(\beta)$
를 갖는다. 한편 함수 $y=g(x)$의 그래프는 함수 $y=f(x)$의 그래
프를 y축의 방향으로 $-f(1)$만큼 평행이동한 것이므로 함수

$f(x)$와 마찬가지로 $x=\alpha$에서 극댓값 $g(\alpha)$, $x=\beta$에서 극솟값
$g(\beta)$를 갖는다.

또한 이차방정식의 근과 계수의 관계에 의하여

$\alpha+\beta=2$이므로 $1-\alpha=\beta-1$이다.

$M=g(\alpha)=f(\alpha)-f(1)$

$\qquad =(\alpha^3-3\alpha^2+a\alpha)-(1-3+a)$

$\qquad =(\alpha^3-1)-3(\alpha^2-1)+a(\alpha-1)$

$\qquad =(\alpha-1)(\alpha^2+\alpha+1-3\alpha-3+a)$

$\qquad =(\alpha-1)(\alpha^2-2\alpha-2+a)$

$m=g(\beta)=f(\beta)-f(1)$

$\qquad =(\beta-1)(\beta^2-2\beta-2+a)$

$\qquad =(\beta-1)\{(\beta-1)^2+a-3\}$

$\qquad =(1-\alpha)\{(1-\alpha)^2+a-3\}$

$\qquad =-(\alpha-1)(\alpha^2-2\alpha-2+a)$

$m=-M$이므로

$M+m=0$ (참)

ㄴ. $g(1)=0$이고,

ㄱ에서 $|g(\alpha)|=|g(\beta)|$, $1-\alpha=\beta-1$이다.

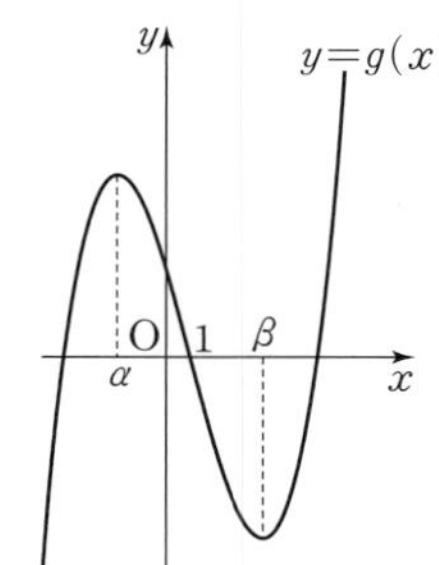

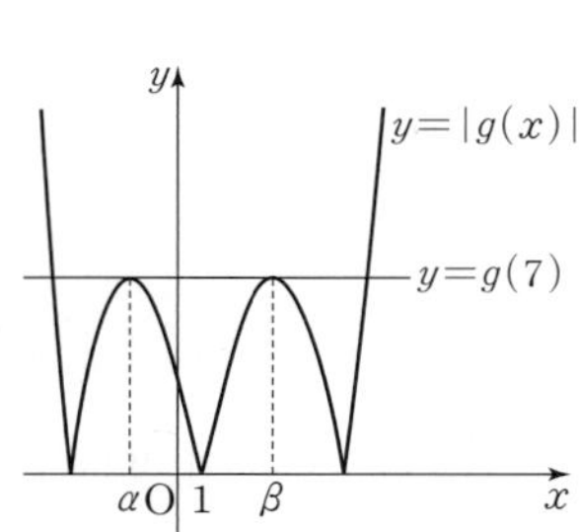

방정식 $|g(x)|=g(7)$의 서로 다른 실근의 개수가 4이므로
두 함수 $y=|g(x)|$, $y=g(7)$의 그래프는 $x=\alpha$, $x=\beta$에서 접한
다.

함수 $g(x)$의 치역은 실수 전체의 집합이고

$g(k)<0$일 때 $h(k)=0$

$g(k)=0$일 때 $h(k)=3$

$0<g(k)<g(7)$일 때 $h(k)=6$

$g(k)=g(7)$일 때 $h(k)=4$

$g(k)>g(7)$일 때 $h(k)=2$

그러므로 $\{h(k)|k$는 실수$\}=\{0, 2, 3, 4, 6\}$으로 원소의 개수는
5이다. (참)

ㄷ. 함수 $y=g(x)$의 그래프와 직선 $y=g(7)$은 $x=\alpha$에서 접하고,
$x=7$에서 만나므로

$g(x)-g(7)=(x-\alpha)^2(x-7)$

$\qquad\qquad\quad =(x^2-2\alpha x+\alpha^2)(x-7)$

$g'(x)=2(x-\alpha)(x-7)+(x-\alpha)^2 \quad \cdots\cdots ㉠$

$g'(\beta)=2(\beta-\alpha)(\beta-7)+(\beta-\alpha)^2=0$

$(\beta-\alpha)(3\beta-\alpha-14)=0$

$\alpha\neq\beta$이고, $\alpha+\beta=2$이므로

$\alpha - 3\beta = -14$

$\alpha - 3(2 - \alpha) = -14$

$4\alpha = -8$

$\alpha = -2$

이것을 ㉠에 대입하면

$g'(x) = 2(x+2)(x-7) + (x+2)^2$

$\qquad = 3x^2 - 6x - 24$

이므로

$g'(0) = -24$ (참)

이상에서 옳은 것은 ㄱ, ㄴ, ㄷ이다.

7

(i) $x < -1$일 때

$$f(x) = \int (x^3 - 4x)dx$$
$$= \frac{1}{4}x^4 - 2x^2 + C_1 \ (\text{단, } C_1\text{은 적분상수})$$

(ii) $-1 < x < 1$일 때

$$f(x) = \int (2x+2)dx$$
$$= x^2 + 2x + C_2 \ (\text{단, } C_2\text{는 적분상수})$$

(iii) $x > 1$일 때

$$f(x) = \int (x^3 - 4x)dx$$
$$= \frac{1}{4}x^4 - 2x^2 + C_3 \ (\text{단, } C_3\text{은 적분상수})$$

함수 $y = f(x)$의 그래프가 점 $\left(0, \dfrac{9}{4}\right)$를 지나므로

$$f(0) = C_2 = \frac{9}{4}$$

함수 $f(x)$가 $x = -1$에서 연속이므로

$$\lim_{x \to -1-} f(x) = \lim_{x \to -1+} f(x)$$에서

$$\lim_{x \to -1-} \left(\frac{1}{4}x^4 - 2x^2 + C_1\right) = \lim_{x \to -1+} \left(x^2 + 2x + \frac{9}{4}\right)$$

$$\frac{1}{4} - 2 + C_1 = 1 - 2 + \frac{9}{4}$$

따라서 $C_1 = 3$이고 $f(-1) = \dfrac{5}{4}$이다.

함수 $f(x)$가 $x = 1$에서 연속이므로

$$\lim_{x \to 1-} f(x) = \lim_{x \to 1+} f(x)$$에서

$$\lim_{x \to 1-} \left(x^2 + 2x + \frac{9}{4}\right) = \lim_{x \to 1+} \left(\frac{1}{4}x^4 - 2x^2 + C_3\right)$$

$$1 + 2 + \frac{9}{4} = \frac{1}{4} - 2 + C_3$$

따라서 $C_3 = 7$이고 $f(1) = \dfrac{21}{4}$이다.

이때

$$f(x) = \begin{cases} \dfrac{1}{4}x^4 - 2x^2 + 3 & (x \le -1) \\[2mm] x^2 + 2x + \dfrac{9}{4} & (-1 < x \le 1) \\[2mm] \dfrac{1}{4}x^4 - 2x^2 + 7 & (x > 1) \end{cases}$$

$|x| > 1$일 때,

$f'(x) = x^3 - 4x = x(x^2 - 4) = 0$에서

$x = -2$ 또는 $x = 2$

$|x| < 1$일 때, $f'(x) = 2x + 2 > 0$

함수 $f(x)$의 증가와 감소를 표로 나타내면 다음과 같다.

x	$\cdots$	-2	$\cdots$	-1	$\cdots$	1	$\cdots$	2	$\cdots$
$f'(x)$	$-$	0	$+$		$+$		$-$	0	$+$
$f(x)$	$\searrow$	극소	$\nearrow$		$\nearrow$	극대	$\searrow$	극소	$\nearrow$

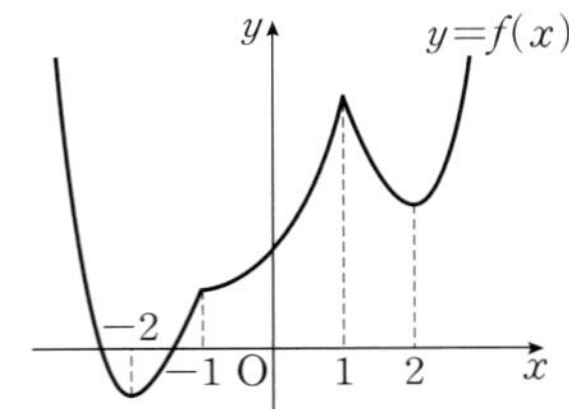

따라서 함수 $f(x)$의 극솟값은 $f(-2) = -1$, $f(2) = 3$이므로 모든 극솟값의 합은

$-1 + 3 = 2$

8

$f(x) = 3x^2 + x\displaystyle\int_0^2 g(t)dt$에서

$\displaystyle\int_0^2 g(t)dt = a \ (a\text{는 상수})$라 하면

$f(x) = 3x^2 + ax$

$$\int_0^2 f(t)dt = \int_0^2 (3t^2 + at)dt$$
$$= \left[t^3 + \frac{1}{2}at^2\right]_0^2 = 8 + 2a$$

이므로

$g(x) = -5x + 8 + 2a$

$$\int_0^2 g(t)dt = \int_0^2 (-5t + 8 + 2a)dt$$
$$= \left[-\frac{5}{2}t^2 + (8 + 2a)t\right]_0^2$$
$$= 4a + 6$$

이므로

$4a + 6 = a$

$a = -2$

$f(x) = 3x^2 - 2x$

$g(x) = -5x + 4$

방정식 $f(x) = g(x)$에서

$3x^2 - 2x = -5x + 4$

$3x^2 + 3x - 4 = 0$

이차방정식 $3x^2 + 3x - 4 = 0$의 판별식을 D라 하면

$D = 3^2 - 4 \times 3 \times (-4) > 0$

이므로 이차방정식 $3x^2 + 3x - 4 = 0$은 서로 다른 두 실근을 갖는다.

따라서 이차방정식의 근과 계수의 관계에 의하여 구하는 모든 실근의 합은 -1이다.

9

함수 $f(x)=x^3-ax$의 그래프와 x축의 교점의 x좌표는
$x^3-ax=0$에서 a가 양수이므로
$x(x+\sqrt{a})(x-\sqrt{a})=0$
$x=0$ 또는 $x=-\sqrt{a}$ 또는 $x=\sqrt{a}$
함수 $f(x)=x^3-ax$의 그래프는 그림과 같다.

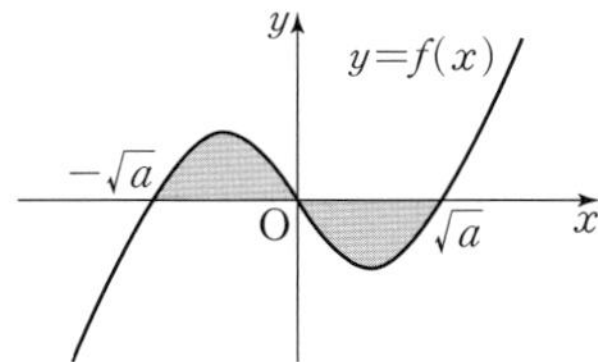

따라서 모든 실수 x에 대하여 $f(-x)=-f(x)$이므로
구하는 넓이는

$$\int_{a}^{\sqrt{a}}|x^3-ax|\,dx=2\int_{-\sqrt{a}}^{0}(x^3-ax)\,dx=2\left[\frac{1}{4}x^4-\frac{a}{2}x^2\right]_{-\sqrt{a}}^{0}$$
$$=2\left(-\frac{1}{4}a^2+\frac{1}{2}a^2\right)=\frac{1}{2}a^2=18$$

$a^2=36$
$a>0$이므로 $a=6$
따라서 $f(x)=x^3-6x$이므로 $f(-1)=5$

10

조건 (가)에서 삼차방정식 $f(x)-g(x)=0$의 서로 다른 세 실근이
$x=0$, $x=3$, $x=8$이므로
$f(x)-g(x)=ax(x-3)(x-8)$ ($a>0$, a는 상수)
로 놓을 수 있다.
$0\le x\le 3$에서 $f(x)\ge g(x)$이므로

조건 (나)에서 $\int_{0}^{3}\{f(x)-g(x)\}dx=13$이다.

$$\int_{0}^{3}\{f(x)-g(x)\}dx=\int_{0}^{3}ax(x-3)(x-8)\,dx$$
$$=a\int_{0}^{3}(x^3-11x^2+24x)\,dx$$
$$=a\left[\frac{1}{4}x^4-\frac{11}{3}x^3+12x^2\right]_{0}^{3}$$
$$=a\left(\frac{81}{4}-99+108\right)$$
$$=\frac{117}{4}a$$

이므로 $\dfrac{117}{4}a=13$에서

$a=\dfrac{4}{9}$

$f(x)-g(x)=\dfrac{4}{9}x(x-3)(x-8)$
$$=\frac{4}{9}x^3-\frac{44}{9}x^2+\frac{32}{3}x \qquad \cdots\cdots ㉠$$

$f(x)$는 삼차함수, $g(x)$는 일차함수이고,
$f(0)=g(0)=12$이므로 ㉠에서
$f(x)=\dfrac{4}{9}x^3-\dfrac{44}{9}x^2+\left(\dfrac{32}{3}+b\right)x+12$,

$g(x)=bx+12$ ($b\ne 0$, b는 상수)
로 놓을 수 있다.
$0\le x\le 3$에서 $f(x)\ge g(x)\ge 0$이므로
$g(x)\ge 0\ge -f(x)$이고, 조건 (다)에서
$$\int_{0}^{3}[g(x)-\{-f(x)\}]dx=94$$

즉, $\int_{0}^{3}\{f(x)+g(x)\}dx=94$이다.

$$\int_{0}^{3}\{f(x)+g(x)\}dx$$
$$=\int_{0}^{3}\left[\left\{\frac{4}{9}x^3-\frac{44}{9}x^2+\left(\frac{32}{3}+b\right)x+12\right\}+(bx+12)\right]dx$$
$$=\int_{0}^{3}\left\{\frac{4}{9}x^3-\frac{44}{9}x^2+\left(\frac{32}{3}+2b\right)x+24\right\}dx$$
$$=\left[\frac{1}{9}x^4-\frac{44}{27}x^3+\left(\frac{16}{3}+b\right)x^2+24x\right]_{0}^{3}$$
$$=9-44+48+9b+72$$
$$=9b+85$$

이므로 $9b+85=94$에서
$b=1$
따라서 $f(x)=\dfrac{4}{9}x^3-\dfrac{44}{9}x^2+\dfrac{35}{3}x+12$,
$g(x)=x+12$이므로
$$f(1)+g(1)=\left(\frac{4}{9}-\frac{44}{9}+\frac{35}{3}+12\right)+13$$
$$=\frac{290}{9}$$

06회 미니모의고사

1 ④	**2** ⑤	**3** ④	**4** ③
5 20	**6** 70	**7** ④	**8** ②
9 ③	**10** 38		

1

$$\lim_{x \to 0} \frac{10x - x^2}{\sqrt{1+x} - \sqrt{1-x}}$$

$$= \lim_{x \to 0} \frac{x(10-x)(\sqrt{1+x} + \sqrt{1-x})}{(\sqrt{1+x} - \sqrt{1-x})(\sqrt{1+x} + \sqrt{1-x})}$$

$$= \lim_{x \to 0} \frac{x(10-x)(\sqrt{1+x} + \sqrt{1-x})}{(1+x) - (1-x)}$$

$$= \lim_{x \to 0} \frac{x(10-x)(\sqrt{1+x} + \sqrt{1-x})}{2x}$$

$$= \lim_{x \to 0} \frac{(10-x)(\sqrt{1+x} + \sqrt{1-x})}{2}$$

$$= \frac{10 \times (1+1)}{2} = 10$$

2

$f(x) = x^2 + ax + b = \left(x + \dfrac{a}{2}\right)^2 + b - \dfrac{a^2}{4}$ (a, b는 상수)라 하자.

함수 $g(x)$가 $x=1$에서 연속이고, 함수 $g(x)$의 역함수가 존재하려면 $-\dfrac{a}{2} \le 1$이어야 한다.

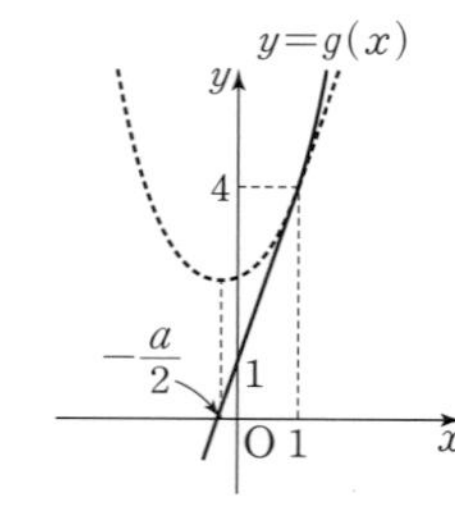
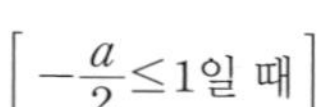

$\left[-\dfrac{a}{2} \le 1\text{일 때}\right]$

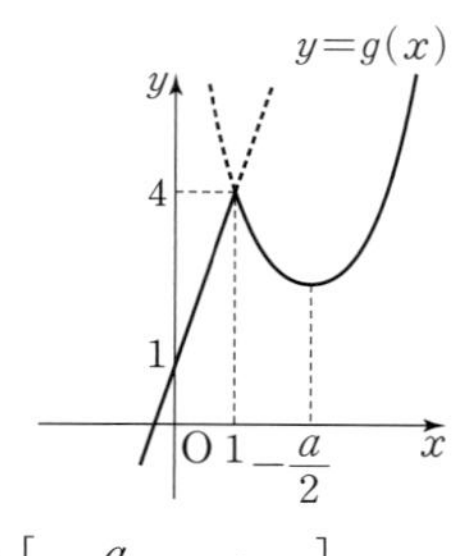

$\left[-\dfrac{a}{2} > 1\text{일 때}\right]$

(i) 함수 $g(x)$가 $x=1$에서 연속이어야 하므로

$$\lim_{x \to 1-} g(x) = \lim_{x \to 1+} g(x) = g(1)$$

을 만족시켜야 한다.

$$\lim_{x \to 1-} g(x) = \lim_{x \to 1-} (3x+1) = 4$$

$$\lim_{x \to 1+} g(x) = \lim_{x \to 1+} f(x) = \lim_{x \to 1+} (x^2 + ax + b) = 1 + a + b$$

$g(1) = f(1) = 1 + a + b$이므로

$1 + a + b = 4$에서 $b = 3 - a$ ...... ㉠

(ii) $-\dfrac{a}{2} \le 1$에서 $a \ge -2$ ...... ㉡

㉠, ㉡에 의하여

$f(2) = 4 + 2a + b = 4 + 2a + (3-a) = a + 7 \ge 5$

이므로 $f(2)$의 최솟값은 5이다.

3

$$f'(2) = \lim_{h \to 0} \frac{f(2+h) - f(2)}{h} = 1$$

이므로

$$\lim_{h \to 0} \frac{f(2+2h) - f(2-h)}{h}$$

$$= \lim_{h \to 0} \frac{f(2+2h) - f(2) + f(2) - f(2-h)}{h}$$

$$= \lim_{h \to 0} \frac{f(2+2h) - f(2)}{2h} \times 2 + \lim_{h \to 0} \frac{f(2-h) - f(2)}{-h}$$

$$= 2f'(2) + f'(2) = 3f'(2) = 3 \times 1 = 3$$

4

최고차항의 계수가 1인 삼차함수 $f(x)$에서 $f(0) = 2$이므로 $f(x) = x^3 + ax^2 + bx + 2$ (a, b는 상수)라 하자.

$f'(x) = 3x^2 + 2ax + b$에서

$f'(0) = b = 0$

방정식 $f(x) = 2$에서

$f(x) - 2 = 0$

$x^3 + ax^2 = 0$

$x^2(x + a) = 0$

$x = 0$ 또는 $x = -a$

방정식 $f(x) = 2$의 실근이 0, $-a$이므로

$-a = 5$

$a = -5$

따라서 $f(x) = x^3 - 5x^2 + 2$이므로

$f(3) = 27 - 45 + 2 = -16$

5

(i) $t \le 0$일 때, $f(t) = 0$

(ii) $0 < t \le 2$일 때,

$$f(t) = \frac{1}{2}t^2$$

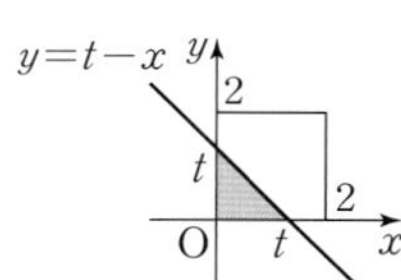

(iii) $2 < t < 4$일 때,

$$f(t) = 4 - \frac{1}{2}(4-t)^2$$

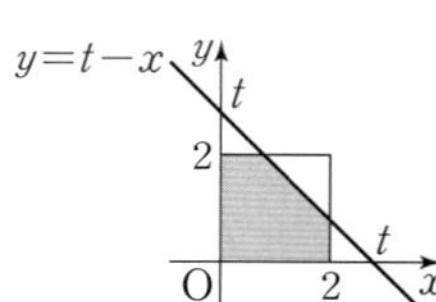

(iv) $t \ge 4$일 때, $f(t) = 4$

(i)~(iv)에 의하여 함수 $y = f(x)$의 그래프는 그림과 같다.

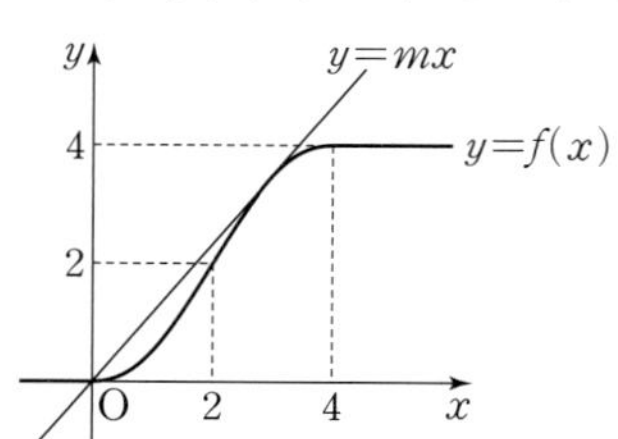

그림과 같이 직선 $y=mx$가 $2<x<4$인 점에서 곡선 $y=f(x)$에 접할 때의 기울기 m의 값을 구해 보자.

$2<x<4$일 때, $f(x)=-\dfrac{1}{2}x^2+4x-4$이므로 접점의 x좌표를 s라 하면

$$-\frac{1}{2}s^2+4s-4=ms \qquad \cdots\cdots\ \text{㉠}$$

$f'(x)=-x+4$이므로 $-s+4=m$ $\qquad \cdots\cdots\ \text{㉡}$

㉡을 ㉠에 대입하면

$$-\frac{1}{2}s^2+4s-4=-s^2+4s,\ s^2=8$$

$2<s<4$이므로 $s=2\sqrt{2}$이고 $m=4-2\sqrt{2}$

즉, 함수 $|f(x)-mx|$가 $x=0$에서만 미분가능하지 않으려면

$m<0$ 또는 $m\geq 4-2\sqrt{2}$

이어야 하므로 조건을 만족시키는 양수 m의 최솟값은 $4-2\sqrt{2}$이다.

따라서 $a=4$, $b=-2$이므로

$$a^2+b^2=4^2+(-2)^2=20$$

6

점 P의 시각 t에서의 위치 x가 $x=-t^4+8t^3+6t$이므로 속도를 v, 가속도를 a라 하면

$$v=\frac{dx}{dt}=-4t^3+24t^2+6$$

$$a=\frac{dv}{dt}=-12t^2+48t=-12(t-2)^2+48$$

$t=2$일 때 점 P의 가속도가 최대이므로 점 P의 가속도가 최대인 시각에서의 점 P의 속도는

$$-32+96+6=70$$

7

조건 (가)에서 $\displaystyle\int \{f'(x)\}^2 dx=\int (2x-1)f'(x)dx$의

양변을 x에 대하여 미분하면 $\{f'(x)\}^2=(2x-1)f'(x)$이므로

$f'(x)\{f'(x)-2x+1\}=0$

$f'(x)=0$ 또는 $f'(x)=2x-1$

이때 함수 $f(x)$는 상수함수가 아닌 다항함수이므로

$f'(x)=2x-1$

$f(x)=\displaystyle\int (2x-1)dx=x^2-x+C$ (단, C는 적분상수)

조건 (나)에서 $\displaystyle\int_0^1 f(x)dx=\int_0^2 f(x)dx$이므로

$$\int_0^1 (x^2-x+C)dx=\int_0^2 (x^2-x+C)dx$$

$$\left[\frac{1}{3}x^3-\frac{1}{2}x^2+Cx\right]_0^1=\left[\frac{1}{3}x^3-\frac{1}{2}x^2+Cx\right]_0^2$$

$$\frac{1}{3}-\frac{1}{2}+C=\frac{8}{3}-2+2C$$

$$-\frac{1}{6}+C=\frac{2}{3}+2C,\ C=-\frac{5}{6}$$

따라서 $f(x)=x^2-x-\dfrac{5}{6}$이므로

$$f(2)=4-2-\frac{5}{6}=\frac{7}{6}$$

8

$\displaystyle\int_{-1}^2 f(t)dt=k$ (k는 상수)라 하면

$f(x)=4x^3+2x+k$

$$\int_{-1}^2 f(t)dt=\int_{-1}^2 (4t^3+2t+k)dt=\left[t^4+t^2+kt\right]_{-1}^2$$
$$=(16+4+2k)-(1+1-k)=18+3k=k$$

에서 $k=-9$

$f(x)=4x^3+2x-9$

$F'(t)=f(t)$라 하면

$$\lim_{x\to a}\frac{1}{x-a}\int_a^x f(t)dt=\lim_{x\to a}\frac{F(x)-F(a)}{x-a}$$
$$=F'(a)=f(a)$$

$f(a)=4a^3+2a-9=-15$에서

$4a^3+2a+6=0$

$2a^3+a+3=0$

$(a+1)(2a^2-2a+3)=0$

이때 $2a^2-2a+3=2\left(a-\dfrac{1}{2}\right)^2+\dfrac{5}{2}>0$

따라서 $a=-1$

9

조건 (가)에서

$f(x)-g(x)=ax(x+2)(x-2)$ (a는 0이 아닌 상수)
$$\qquad\qquad\qquad\qquad\qquad\qquad \cdots\cdots\ \text{㉠}$$

로 놓을 수 있다.

조건 (다)에서 $\displaystyle\int_0^{-1} g(x)dx=\dfrac{34}{15}$이므로 조건 (나)에 의하여

$$\int_0^1 g(x)dx=\int_{-1}^0 g(x)dx=-\int_0^{-1} g(x)dx=-\frac{34}{15}$$

이때

$$\int_0^1 \{f(x)-g(x)\}dx=\int_0^1 f(x)dx-\int_0^1 g(x)dx$$
$$=\frac{37}{30}-\left(-\frac{34}{15}\right)=\frac{7}{2}$$

㉠에서

$$\int_0^1 \{f(x)-g(x)\}dx=\int_0^1 ax(x+2)(x-2)dx$$
$$=\int_0^1 a(x^3-4x)dx$$
$$=a\left[\frac{1}{4}x^4-2x^2\right]_0^1=-\frac{7}{4}a$$

이므로

$$-\frac{7}{4}a=\frac{7}{2},\ a=-2$$

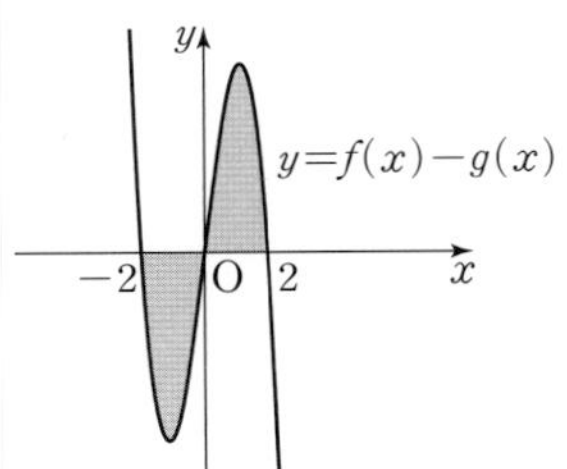

따라서 두 곡선 $y=f(x)$와 $y=g(x)$로 둘러싸인 부분의 넓이는

$$\int_{-2}^{2}|f(x)-g(x)|\,dx=\int_{-2}^{2}|-2x(x+2)(x-2)|\,dx$$
$$=2\int_{0}^{2}(-2x^3+8x)\,dx$$
$$=2\left[-\frac{1}{2}x^4+4x^2\right]_{0}^{2}=16$$

10

조건 (나)에서 모든 실수 x에 대하여 $f(x)=f(x-2)+1$이므로 함수 $y=f(x)$의 그래프를 x축의 방향으로 2만큼, y축의 방향으로 1만큼 평행이동한 그래프는 함수 $y=f(x)$의 그래프와 일치한다.

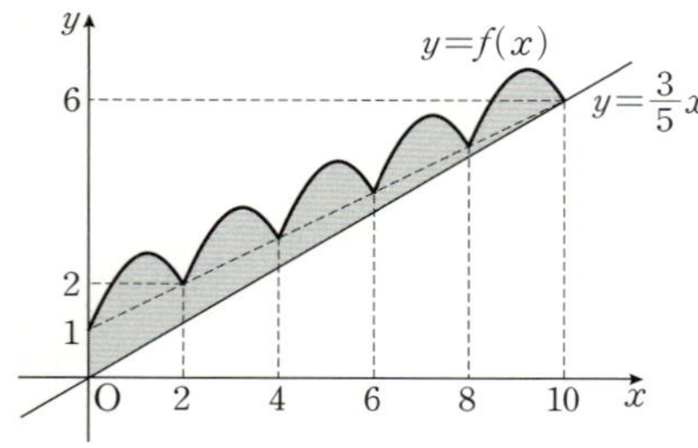

구하는 넓이는 닫힌구간 $[0,\ 10]$에서 곡선 $y=f(x)$와 직선 $y=\frac{1}{2}x+1$로 둘러싸인 부분의 넓이와 두 직선 $y=\frac{1}{2}x+1$, $y=\frac{3}{5}x$와 y축으로 둘러싸인 부분의 넓이의 합이다.

닫힌구간 $[0,\ 2]$에서 곡선 $y=f(x)$와 직선 $y=\frac{1}{2}x+1$로 둘러싸인 부분의 넓이를 S_1이라 하면

$$S_1=\int_{0}^{2}\left\{\left(-x^2+\frac{5}{2}x+1\right)-\left(\frac{1}{2}x+1\right)\right\}dx$$
$$=\int_{0}^{2}(-x^2+2x)\,dx=\left[-\frac{1}{3}x^3+x^2\right]_{0}^{2}=\frac{4}{3}$$

닫힌구간 $[0,\ 10]$에서 곡선 $y=f(x)$와 직선 $y=\frac{1}{2}x+1$로 둘러싸인 부분의 넓이는

$$\frac{4}{3}\times5=\frac{20}{3}$$

두 직선 $y=\frac{1}{2}x+1$, $y=\frac{3}{5}x$와 y축으로 둘러싸인 삼각형의 넓이는

$$\frac{1}{2}\times1\times10=5$$

그러므로 구하는 넓이 S는

$$S=\frac{20}{3}+5=\frac{35}{3}$$

따라서 $p=3$, $q=35$이므로

$$p+q=3+35=38$$

1 ③	**2** 11	**3** ⑤	**4** ②
5 24	**6** ⑤	**7** ③	**8** ①
9 ④	**10** ②		

1

$$\lim_{x\to2}\frac{f(x)}{x^2-4}=\lim_{x\to2}\frac{f(x)}{(x+2)(x-2)}$$
$$=\lim_{x\to2}\left\{\frac{1}{x+2}\times\frac{f(x)}{x-2}\right\}$$
$$=\lim_{x\to2}\frac{1}{x+2}\times\lim_{x\to2}\frac{f(x)}{x-2}$$
$$=\frac{1}{4}\times3$$
$$=\frac{3}{4}$$

2

함수 $g(x)$가 실수 전체의 집합에서 연속이므로 $x=1$, $x=3$에서도 연속이어야 한다.

즉, $\lim\limits_{x\to1-}g(x)=\lim\limits_{x\to1+}g(x)=g(1)$에서

$$\frac{1}{2}=\frac{1}{f(1)},\ f(1)=2 \qquad\qquad \cdots\cdots\ \text{㉠}$$

또 $\lim\limits_{x\to3-}g(x)=\lim\limits_{x\to3+}g(x)=g(3)$에서

$$\frac{1}{f(3)}=\frac{1}{6},\ f(3)=6 \qquad\qquad \cdots\cdots\ \text{㉡}$$

㉠, ㉡에 의하여

$$f(x)-2x=a(x-1)(x-3)\ (\text{단, }a\text{는 }0\text{보다 큰 상수})$$

로 놓을 수 있다. 즉,

$$f(x)=ax^2-2(2a-1)x+3a$$
$$=a\left(x-\frac{2a-1}{a}\right)^2-\frac{a^2-4a+1}{a} \qquad \cdots\cdots\ \text{㉢}$$

이고 함수 $g(x)$가 실수 전체의 집합에서 연속이려면 $1\le x\le3$에서 $f(x)\ne0$이어야 한다.

(i) $\dfrac{2a-1}{a}\le1$인 경우

$2a-1\le a$, $a\le1$

즉, $0<a\le1$인 경우 $f(1)=2>0$이므로 조건을 만족시킨다.

(ii) $\dfrac{2a-1}{a}\ge3$인 경우

$2a-1\ge3a$

$a\le-1$이므로 조건을 만족시키는 양수 a는 존재하지 않는다.

(iii) $1<\dfrac{2a-1}{a}<3$, 즉 $a>1$인 경우

㉢에서 $-\dfrac{a^2-4a+1}{a}>0$이어야 하므로

$$a^2-4a+1<0,\ 2-\sqrt{3}<a<2+\sqrt{3}$$

즉, $1<a<2+\sqrt{3}$

(i), (ii), (iii)에 의하여 조건을 만족시키는 양수 a의 값의 범위는
$0<a<2+\sqrt{3}$이고, $k=f(0)=3a$이므로
$0<k<6+3\sqrt{3}$

이때 $11<6+3\sqrt{3}<12$이므로 조건을 만족시키는 자연수 k의 최댓값
은 11이다.

3

$$\frac{f(1)-f(-2)}{1-(-2)}=\frac{(1^3-1)-\{(-2)^3-(-2)\}}{3}$$
$$=\frac{6}{3}$$
$$=2$$

4

$f(x)=x^3+3x-2$에서 $f'(x)=3x^2+3$

$g(x)=x^2+ax+b$에서 $g'(x)=2x+a$

두 곡선 $y=f(x)$, $y=g(x)$가 점 A$(1, 2)$에서 만나므로 $g(1)=f(1)$
에서
$1+a+b=2$
$a+b=1$ ······ ㉠

곡선 $y=f(x)$ 위의 점 A$(1, 2)$에서의 접선이 곡선 $y=g(x)$ 위의 점
A에서의 접선과 일치하므로
$g'(1)=f'(1)$에서
$2+a=6$
$a=4$

㉠에서 $b=-3$

따라서 $g(x)=x^2+4x-3$이므로
$g(-1)=1-4-3=-6$

5

함수 $y=f(x)$의 그래프가 원점을 지나므로 $f(0)=0$이다.

다항함수 $f(x)$가 닫힌구간 $[0, 3]$에서 연속이고 열린구간 $(0, 3)$에
서 미분가능하므로 평균값 정리에 의하여
$$\frac{f(3)-f(0)}{3-0}=f'(c)$$
인 상수 c가 열린구간 $(0, 3)$에 적어도 하나 존재한다.

모든 실수 x에 대하여 $|f'(x)|\leq4$이므로 $|f'(c)|\leq4$

이때 $f'(c)=\frac{f(3)}{3}$이므로
$$\left|\frac{f(3)}{3}\right|\leq4$$
$$-4\leq\frac{f(3)}{3}\leq4$$
$$-12\leq f(3)\leq12$$

따라서 $f(3)$의 최댓값은 $M=12$, 최솟값은 $m=-12$이므로
$M-m=24$

6

함수 $y=f(x)$의 그래프를 x축의 방향으로 2만큼, y축의 방향으로 1
만큼 평행이동한 그래프가 $x=b$에서 x축과 접한다고 하면
$f(x-2)+1=(x-b)^2(x-c)$ (c는 상수, $b\neq c$)
로 놓을 수 있다.

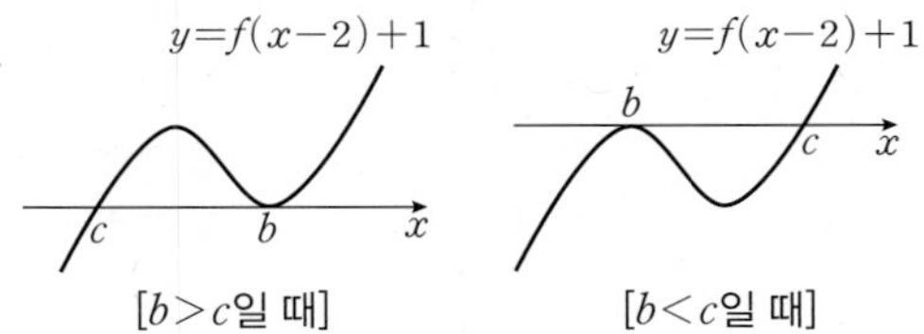

$x\leq a$인 모든 실수 x에 대하여 부등식 $f(x)\leq-1$이 성립하도록 하는
실수 a의 최댓값이 2이므로 $x\leq a+2$인 모든 실수 x에 대하여 부등식
$f(x-2)+1\leq0$이 성립하도록 하는 실수 $a+2$의 최댓값은 4이다.

즉, $c=4$이다.

$f(x-2)+1=(x-b)^2(x-4)$에 $x=0$을 대입하면
$f(-2)+1=-4b^2$
$-5+1=-4b^2$, 즉 $b^2=1$에서
$b=1$ 또는 $b=-1$이므로
$f(x-2)=(x-1)^2(x-4)-1$ 또는
$f(x-2)=(x+1)^2(x-4)-1$

따라서 $x=5$를 대입하면 $f(3)=15$ 또는 $f(3)=35$이므로 $f(3)$의 최
댓값은 35이다.

7

조건 (가)에서 $x\longrightarrow1$일 때, 극한값이 존재하고 (분모) $\longrightarrow0$이므로
(분자) $\longrightarrow0$이어야 한다. 즉,
$$\lim_{x\to1}f(x)=f(1)=0$$

조건 (나)에서 $f(a)-f(0)=f(a)-f(1)=0$이므로
$f(a)=f(0)=f(1)=0$

즉, $f(x)=x(x-1)(x-a)$이므로
$$\lim_{x\to1}\frac{f(x)}{x-1}=\lim_{x\to1}\frac{x(x-1)(x-a)}{x-1}$$
$$=\lim_{x\to1}x(x-a)=1-a=-3$$
에서 $a=4$

따라서 $f(x)=x(x-1)(x-4)=x^3-5x^2+4x$이므로
$$\int_0^1 f(x)\,dx=\int_0^1(x^3-5x^2+4x)\,dx$$
$$=\left[\frac{1}{4}x^4-\frac{5}{3}x^3+2x^2\right]_0^1$$
$$=\frac{1}{4}-\frac{5}{3}+2=\frac{7}{12}$$

8

함수 $F(x)$의 사차항의 계수가 1이고,
$F(a)=F(b)=0$, $F'(a)=F'(b)=0$이므로
$F(x)=(x-a)^2(x-b)^2$이다.

$$S(x)=\int_p^x f(t)dt$$
$$=\Big[F(t)\Big]_p^x$$
$$=F(x)-F(p)$$
$$=F(x)-32$$

이므로 함수 $y=S(x)$의 그래프는 함수 $y=F(x)$의 그래프를 y축의 방향으로 -32만큼 평행이동한 것이다.

조건 (가)에서 두 함수 $y=F(x)$, $y=|S(x)|$의 그래프의 한 교점 $(k, F(k))$에서의 접선의 기울기가 서로 같으므로 [그림 1]과 같이 함수 $F(x)$는 $x=k$에서 극대이다.

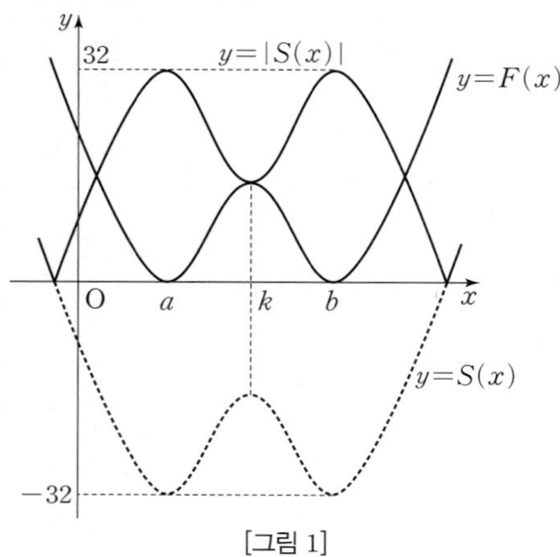

[그림 1]

$F(k)=|S(k)|$에서
$F(k)=-S(k)=-\{F(k)-32\}$
$2F(k)=32$, $F(k)=16$
즉, 함수 $F(x)$의 극댓값은 16이다.
$F'(x)=2(x-a)(x-b)^2+2(x-a)^2(x-b)$
$\qquad=2(x-a)(x-b)(2x-a-b)$
이므로 $F'(x)=0$에서

$x=a$ 또는 $x=\dfrac{a+b}{2}$ 또는 $x=b$

함수 $F(x)$는 $x=\dfrac{a+b}{2}$에서 극대이므로

$F\Big(\dfrac{a+b}{2}\Big)=\Big(\dfrac{b-a}{2}\Big)^4=16$

$\dfrac{b-a}{2}>0$이므로 $\dfrac{b-a}{2}=2$

즉, $b=a+4$
$f(x)=F'(x)=2(x-a)(x-b)(2x-a-b)$이고,
$\dfrac{a+b}{2}=\dfrac{a+a+4}{2}=a+2$이므로
함수 $y=f(x)$의 그래프는 [그림 2]와 같다.

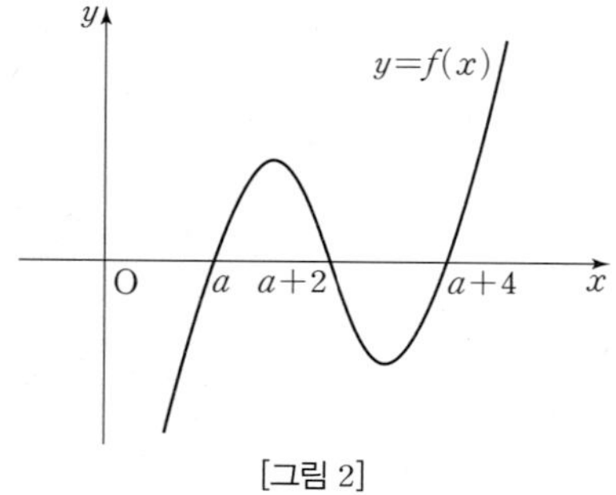

[그림 2]

조건 (나)에서
$T(5)-T(3)=S(3)-S(5)$이고,
$$T(5)-T(3)=\int_p^5 |f(t)|dt-\int_p^3 |f(t)|dt$$
$$=\int_p^5 |f(t)|dt+\int_3^p |f(t)|dt$$
$$=\int_3^5 |f(t)|dt$$
$$S(3)-S(5)=\int_p^3 f(t)dt-\int_p^5 f(t)dt$$
$$=\int_p^3 f(t)dt+\int_5^p f(t)dt$$
$$=\int_5^3 f(t)dt$$
$$=-\int_3^5 f(t)dt$$

이므로
$$\int_3^5 |f(t)|dt=-\int_3^5 f(t)dt=\int_3^5 \{-f(t)\}dt$$
즉, $3\le x\le5$에서 $f(x)\le0$이다.
함수 $y=f(x)$의 그래프에서
$x\le a$ 또는 $a+2\le x\le a+4$에서 $f(x)\le0$이고,
$0<a<3$이므로
$a+2=3$, $a+4=5$
즉, $a=1$이다.
따라서 $f(x)=4(x-1)(x-3)(x-5)$이므로
$f(2)=4\times1\times(-1)\times(-3)=12$

9

$f(x)=x^3-4x^2+5x$
$f'(x)=3x^2-8x+5=(3x-5)(x-1)=0$에서

$x=1$ 또는 $x=\dfrac{5}{3}$

함수 $f(x)$의 증가와 감소를 표로 나타내면 다음과 같다.

x	$\cdots$	1	$\cdots$	$\dfrac{5}{3}$	$\cdots$
$f'(x)$	$+$	0	$-$	0	$+$
$f(x)$	$\nearrow$	2	$\searrow$	$\dfrac{50}{27}$	$\nearrow$

함수 $f(x)$는 $x=1$에서 극대, $x=\dfrac{5}{3}$에서 극소이다.

한편, 함수 $y=f(x)$의 그래프와 직선 $y=x$의 교점의 x좌표는
$x^3-4x^2+5x=x$에서
$x^3-4x^2+4x=0$, $x(x-2)^2=0$
$x=0$ 또는 $x=2$
그런데 $f(0)=0$, $f(2)=2$이고 $x=2$에서 중근을 가지므로 함수 $y=f(x)$의 그래프와 직선 $y=x$는 $x=2$에서 접한다. $\qquad\cdots\cdots$ ㉠
함수 $y=f(x)$의 그래프와 직선 $y=-x+9$가 만나는 점을 P라 하면 점 P의 x좌표는
$x^3-4x^2+5x=-x+9$에서
$x^3-4x^2+6x-9=0$

$(x-3)(x^2-x+3)=0$

$x=3$이므로 $\mathrm{P}(3,\,6)$ $\qquad\qquad$ ……ⓛ

두 직선 $x=3$과 $y=x$가 만나는 점을 Q, 두 직선 $y=x$와 $y=-x+9$가 만나는 점을 H라 하자.

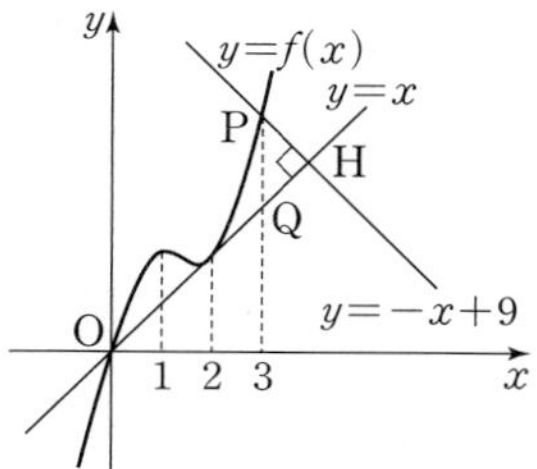

직각삼각형 PQH에서

점 $\mathrm{Q}(3,\,3)$과 직선 $y=-x+9$ 사이의 거리는

$$\overline{\mathrm{QH}}=\frac{|\,3+3-9\,|}{\sqrt{1^2+1^2}}$$

$$=\frac{3}{\sqrt{2}}$$

이고 $\overline{\mathrm{PQ}}=6-3=3$이므로

$$\overline{\mathrm{PH}}=\sqrt{\overline{\mathrm{PQ}}^{\,2}-\overline{\mathrm{QH}}^{\,2}}$$

$$=\sqrt{3^2-\left(\frac{3}{\sqrt{2}}\right)^2}$$

$$=\frac{3}{\sqrt{2}}$$

직각삼각형 PQH의 넓이는

$$\frac{1}{2}\times\frac{3}{\sqrt{2}}\times\frac{3}{\sqrt{2}}=\frac{9}{4}$$ $\qquad$ ……ⓒ

함수 $y=f(x)$의 그래프와 곡선 A로 둘러싸인 부분의 넓이는 함수 $y=f(x)$의 그래프와 직선 $y=x$로 둘러싸인 부분의 넓이의 2배이고, 함수 $y=f(x)$의 그래프와 곡선 A 및 직선 $y=-x+9$로 둘러싸인 부분의 넓이는 함수 $y=f(x)$의 그래프와 직선 $y=x$, 직선 $y=-x+9$로 둘러싸인 부분의 넓이의 2배이다.

그러므로 ㉠, ㉡, ㉢에서

$$S_1=2\int_0^2(x^3-4x^2+5x-x)\,dx$$이고

$$S_2=2\int_2^3(x^3-4x^2+5x-x)\,dx+2\times\frac{9}{4}$$이다.

따라서 구하는 넓이는

S_1+S_2

$$=2\int_0^2(x^3-4x^2+5x-x)\,dx$$

$$\quad+2\int_2^3(x^3-4x^2+5x-x)\,dx+2\times\frac{9}{4}$$

$$=2\int_0^3(x^3-4x^2+5x-x)\,dx+2\times\frac{9}{4}$$

$$=2\int_0^3(x^3-4x^2+4x)\,dx+\frac{9}{2}$$

$$=2\left[\frac{1}{4}x^4-\frac{4}{3}x^3+2x^2\right]_0^3+\frac{9}{2}$$

$$=2\times\left(\frac{81}{4}-36+18\right)+\frac{9}{2}$$

$$=9$$

10

$$g(x)=\begin{cases}2f(x) & (f(x)<0)\\[4pt] 0 & (f(x)\geq 0)\end{cases}$$

조건 (가)에서 $g(0)=0$이므로 $f(0)\geq 0$

$f(0)>0$이라 하면 열린구간 $(0,\,c)$에 속하는 모든 x에 대하여 $f(x)>0$, $g(x)=0$인 양수 c가 존재한다.

이때 열린구간 $(0,\,c)$에 속하는 모든 x에 대하여

$\displaystyle\int_0^x g(t)\,dt=0$이 되어 조건 (나)를 만족시키지 못한다.

따라서 $f(0)=0$이어야 한다.

한편, $a<0<b$인 어떤 두 실수 a, b에 대하여

(i) $a<x<0$에서 $f(x)<0$, $0<x<b$에서 $f(x)>0$이면 열린구간 $(0,\,b)$에 속하는 모든 x에 대하여 $g(x)=0$이고 $\displaystyle\int_0^x g(t)\,dt=0$이 되므로 조건 (나)를 만족시키지 못한다.

(ii) $a<x<0$에서 $f(x)>0$, $0<x<b$에서 $f(x)<0$이면 열린구간 $(a,\,0)$에 속하는 모든 x에 대하여 $g(x)=0$이고 $\displaystyle\int_0^x g(t)\,dt=0$이 되므로 조건 (나)를 만족시키지 못한다.

(iii) $a<x<0$에서 $f(x)>0$, $0<x<b$에서 $f(x)>0$이면 열린구간 $(a,\,b)$에 속하는 모든 x에 대하여 $g(x)=0$이고 $\displaystyle\int_0^x g(t)\,dt=0$이 되므로 조건 (나)를 만족시키지 못한다.

따라서 $a<x<0$에서 $f(x)<0$, $0<x<b$에서 $f(x)<0$이어야 한다.

즉, 삼차함수 $f(x)$는 $x=0$에서 극댓값 0을 가지므로

$f(x)=x^2(x-p)$ (p는 양수)로 놓을 수 있다.

$f(1)=-1$에서 $1^2\times(1-p)=-1$이므로

$p=2$

즉, $f(x)=x^2(x-2)$

곡선 $y=f(x)$와 x축이 만나는 점의 x좌표는

$x^2(x-2)=0$에서

$x=0$ 또는 $x=2$

그러므로 곡선 $y=f(x)$는 그림과 같다.

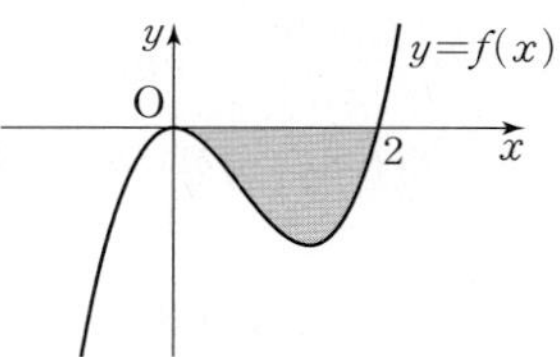

따라서 구하는 넓이는

$$\int_0^2|x^3-2x^2|\,dx=\int_0^2(-x^3+2x^2)\,dx$$

$$=\left[-\frac{1}{4}x^4+\frac{2}{3}x^3\right]_0^2$$

$$=-4+\frac{16}{3}$$

$$=\frac{4}{3}$$

$\overset{08}{\text{회}}$ 미니모의고사

1 ①	**2** ⑤	**3** ②	**4** ③
5 ④	**6** 20	**7** ⑤	**8** ③
9 ②	**10** ①		

1

$\displaystyle\lim_{x\to-1}\frac{x^2-4x-5}{2x^2+ax+4}=b$ 에서

$x\to-1$일 때 (분자)$\to0$이고 0이 아닌 극한값이 존재하므로
(분모)$\to0$이어야 한다.

즉, $\displaystyle\lim_{x\to-1}(2x^2+ax+4)=2-a+4=0$에서

$a=6$이므로

$$\lim_{x\to-1}\frac{x^2-4x-5}{2x^2+ax+4}=\lim_{x\to-1}\frac{x^2-4x-5}{2x^2+6x+4}=\lim_{x\to-1}\frac{(x+1)(x-5)}{2(x+1)(x+2)}$$
$$=\lim_{x\to-1}\frac{x-5}{2(x+2)}=\frac{-6}{2\times1}$$
$$=-3$$

따라서 $b=-3$이므로
$a+b=6+(-3)=3$

2

$\displaystyle\lim_{x\to\infty}\frac{f(x)}{2x^3+3}=2$에서 $f(x)$는 최고차항의 계수가 4인 삼차함수이다.

$\displaystyle\lim_{x\to2}\frac{xf(x)}{(x-2)^2}=12$에서 $x\to2$일 때 (분모)$\to0$이고 극한값이 존재하므로 (분자)$\to0$이어야 한다.

즉, $\displaystyle\lim_{x\to2}xf(x)=2f(2)=0$에서 $f(2)=0$

삼차함수 $f(x)$는 $x-2$를 인수로 가지므로
$f(x)=(x-2)g(x)$ ($g(x)$는 이차함수)라 하자.

$$\lim_{x\to2}\frac{xf(x)}{(x-2)^2}=\lim_{x\to2}\frac{x(x-2)g(x)}{(x-2)^2}=\lim_{x\to2}\frac{xg(x)}{x-2}=12$$

에서 $x\to2$일 때 (분모)$\to0$이고 극한값이 존재하므로 (분자)$\to0$이어야 한다.

즉, $\displaystyle\lim_{x\to2}xg(x)=2g(2)=0$에서 $g(2)=0$

이차함수 $g(x)$는 $x-2$를 인수로 가지고 이차항의 계수는 4이므로
$g(x)=(x-2)(4x+a)$ (a는 상수)라 하면
$f(x)=(x-2)^2(4x+a)$
이때

$$\lim_{x\to2}\frac{xf(x)}{(x-2)^2}=\lim_{x\to2}\frac{x(x-2)^2(4x+a)}{(x-2)^2}$$
$$=\lim_{x\to2}x(4x+a)$$
$$=2(8+a)=12$$

에서 $a=-2$
따라서 $f(x)=(x-2)^2(4x-2)$이므로
$f(3)=1\times10=10$

3

$f(x)=ax^2+bx+c$ (a, b, c는 상수, $a\neq0$)이라 하고 조건 (가)에서
분모, 분자의 최고차항끼리만 비교하면

$$\lim_{x\to\infty}\frac{a^2x^4}{3ax^4+ax^4}=\frac{a}{4}=3$$

즉, $a=12$ …… ㉠

또한 조건 (나)에서 $x\to0$일 때 (분모)$\to0$이고 극한값이 존재하므로 (분자)$\to0$이어야 한다.

즉, $\displaystyle\lim_{x\to0}f(x)=f(0)=c=0$ …… ㉡

$$\lim_{x\to0}\frac{f(x)}{x}=\lim_{x\to0}\frac{f(x)-f(0)}{x-0}$$
$$=f'(0)=b=2$$ …… ㉢

㉠, ㉡, ㉢에서
$f(x)=12x^2+2x$이므로
$f'(x)=24x+2$
따라서 $f'(1)=26$

4

$f(x)=x^3+3x$에서 $f(0)=0$, $f(3)=36$이므로

직선 AB의 기울기는 $\dfrac{36-0}{3-0}=12$

$f'(x)=3x^2+3$이고, 곡선 $y=f(x)$ 위의 점 $C(c,\ f(c))$ $(0<c<3)$
에서의 접선의 기울기가 12이므로
$f'(c)=3c^2+3=12$에서 $c=\sqrt{3}$이고
$f(\sqrt{3})=6\sqrt{3}$

그러므로 접선 l의 방정식은
$y-6\sqrt{3}=12(x-\sqrt{3})$
$y=12x-6\sqrt{3}$

직선 l이 곡선 $y=-x^2+6x+k$와 서로 다른 두 점 D, E에서 만나므로
$-x^2+6x+k=12x-6\sqrt{3}$
$x^2+6x-6\sqrt{3}-k=0$ …… ㉠

이차방정식 ㉠의 판별식을 D_1이라 하면

$\dfrac{D_1}{4}=3^2-(-6\sqrt{3}-k)>0$

$k>-9-6\sqrt{3}$ …… ㉡

이차방정식 ㉠의 두 근을 α, β라 하면
$\alpha+\beta=-6$
$\alpha\beta=-6\sqrt{3}-k$

직선 AB와 직선 DE가 서로 평행하고 $\overline{AB}=\overline{DE}$이므로
$|\beta-\alpha|=|3-0|=3$
$(\beta-\alpha)^2=(\alpha+\beta)^2-4\alpha\beta=(-6)^2-4\times(-6\sqrt{3}-k)=9$
$4k=-27-24\sqrt{3}$

$k=-\dfrac{27}{4}-6\sqrt{3}$

으로 ㉡의 조건을 만족시킨다.

따라서 $p=-\dfrac{27}{4}$, $q=-6$이므로

$p-q=-\dfrac{27}{4}-(-6)=-\dfrac{3}{4}$

5

곡선 $y=f(x)$ 위의 점 $(0,\ f(0))$에서의 접선의 방정식은
$$y=f'(0)\times x+f(0)$$
이고, 이 직선이 점 $(-1,\ 0)$을 지나므로
$$0=-f'(0)+f(0)$$
즉, $f(0)=f'(0)$
$f(x)=x^3+ax^2+bx+c$ $(a,\ b,\ c$는 실수$)$라 하면
$f'(x)=3x^2+2ax+b$에서
$f(0)=c,\ f'(0)=b$이므로
$$c=b \qquad \cdots\cdots \ \text{㉠}$$
함수 $f(x)$가 일대일함수이고 최고차항의 계수가 양수이므로 함수
$f(x)$는 실수 전체의 집합에서 증가한다.
즉, 모든 실수 x에 대하여 $f'(x)\geq 0$이므로 이차방정식
$3x^2+2ax+b=0$의 판별식을 D라 하면 $D\leq 0$이어야 한다.
$$\frac{D}{4}=a^2-3b\leq 0$$
$$b\geq \frac{a^2}{3} \qquad \cdots\cdots \ \text{㉡}$$
㉠, ㉡에서
$$f(2)=8+4a+2b+c\geq 8+4a+a^2$$
$$=(a+2)^2+4\geq 4$$
따라서 $f(2)$의 최솟값은 4이다.

6

$f(x)=x^3-3x^2+a$에서 $f'(x)=3x^2-6x=3x(x-2)$
$f'(x)=0$에서 $x=0$ 또는 $x=2$
닫힌구간 $[0,\ 4]$에서 함수 $f(x)$의 증가와 감소를 표로 나타내면 다음
과 같다.

x	0	$\cdots$	2	$\cdots$	4
$f'(x)$		$-$	0	$+$	
$f(x)$	a	$\searrow$	$a-4$	$\nearrow$	$a+16$

닫힌구간 $[0,\ 4]$에서 함수 $f(x)$는 $x=2$에서 최솟값 $a-4$를 갖고,
$x=4$에서 최댓값 $a+16$을 갖는다.
이때 최솟값이 0이므로 $a-4=0$에서
$$a=4$$
따라서 함수 $f(x)$의 최댓값은
$$M=a+16=4+16=20$$

7

$$\int_0^1 \{f(x)+x^2\}\,dx=\int_0^1 \{(2x^2+6ax+10)+x^2\}\,dx$$
$$=\int_0^1 (3x^2+6ax+10)\,dx$$
$$=\Big[x^3+3ax^2+10x\Big]_0^1=3a+11$$

$f(1)=6a+12$
따라서 $3a+11=6a+12$이므로 $a=-\dfrac{1}{3}$

8

$f(x)=ax^3+bx^2+cx+1$ $(a\neq 0,\ a,\ b,\ c$는 상수$)$로 놓으면
$$g(x)=\int_{-x}^{x}(at^3+bt^2+ct+1)\,dt$$
$$=2\int_0^x (bt^2+1)\,dt$$
$$=2\Big[\frac{b}{3}t^3+t\Big]_0^x$$
$$=\frac{2b}{3}x^3+2x$$

ㄱ. $g(-x)=-\dfrac{2b}{3}x^3-2x=-g(x)$ (참)

ㄴ. $f'(x)=3ax^2+2bx+c$이고
모든 실수 x에 대하여 $f'(-x)=f'(x)$이면 $b=0$이므로
$$g(x)=2x$$
따라서 $g(1)=2$ (참)

ㄷ. $g(x)=\dfrac{2b}{3}x^3+2x$에서 $g(1)=0$이면
$$\frac{2b}{3}+2=0,\ b=-3$$
따라서 $g(x)=-2x^3+2x$이므로
$$\int_0^1 g(x)\,dx=\int_0^1 (-2x^3+2x)\,dx$$
$$=\Big[-\frac{1}{2}x^4+x^2\Big]_0^1$$
$$=-\frac{1}{2}+1=\frac{1}{2}$$ (거짓)

이상에서 옳은 것은 ㄱ, ㄴ이다.

9

$f(x)=x^3-6x^2+32$에서
$f'(x)=3x^2-12x$
곡선 $y=f(x)$ 위의 점 $(1,\ 27)$에서의 접선의 기울기는
$$f'(1)=3-12=-9$$
이므로 접선의 방정식은 $y-27=-9(x-1)$
$$y=-9x+36$$
한편, 삼차함수 $f(x)=x^3-6x^2+32$의 그래프와 접선이 만나는 점의
x좌표는
$x^3-6x^2+32=-9x+36$에서
$x^3-6x^2+9x-4=0$
$(x-1)^2(x-4)=0$
$x=1$ 또는 $x=4$
그러므로 삼차함수 $f(x)=x^3-6x^2+32$의 그래프와 접선은 그림과
같다.

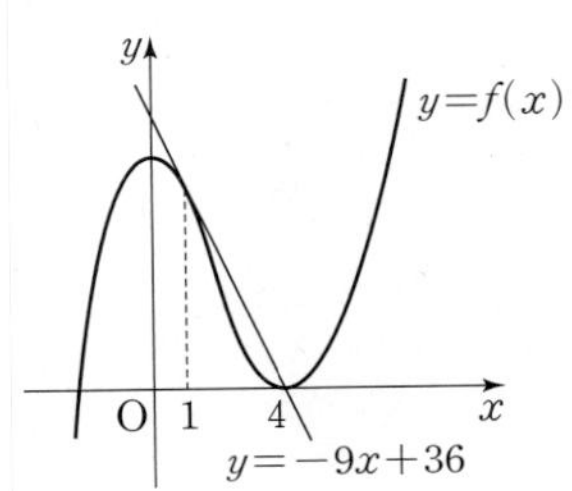

이때 곡선 $y=f(x)$와 접선으로 둘러싸인 부분의 넓이는

$$\int_1^4 \{-9x+36-(x^3-6x^2+32)\}\,dx$$

$$=\int_1^4 (-x^3+6x^2-9x+4)\,dx$$

$$=\left[-\frac{1}{4}x^4+2x^3-\frac{9}{2}x^2+4x\right]_1^4$$

$$=(-64+128-72+16)-\left(-\frac{1}{4}+2-\frac{9}{2}+4\right)=\frac{27}{4}$$

10

삼차함수 $f(x)$의 최고차항의 계수를 $a\,(a>0)$이라 하면
조건 (가)에서

$$f'(x)=3a(x-2)(x+2)=3ax^2-12a$$

로 나타낼 수 있다.

$$f(x)=\int f'(x)\,dx$$

$$=ax^3-12ax+C \ (\text{단, } C\text{는 적분상수}) \quad \cdots\cdots\ \ominus$$

두 곡선 $y=f(x)$, $y=-f(x)$로 둘러싸인 부분의 넓이를 S라 하자.

(i) $f(2)f(-2)<0$일 때

조건 (다)에서 $f(0)=C=0$

$$f(x)=ax^3-12ax=ax(x-2\sqrt{3})(x+2\sqrt{3})$$

두 곡선 $y=f(x)$, $y=-f(x)$는 그림과 같다.

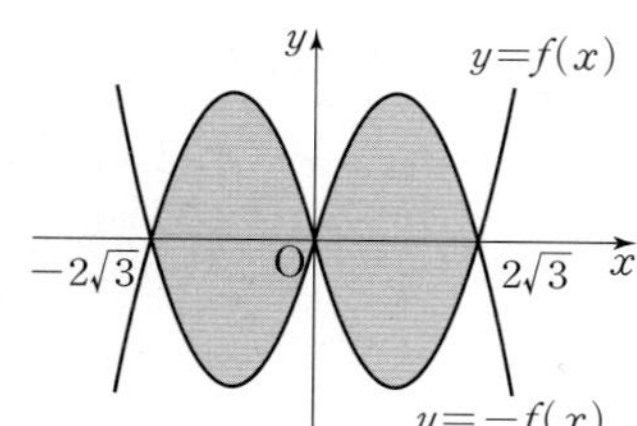

$$S=\int_{-2\sqrt{3}}^{2\sqrt{3}} |f(x)-\{-f(x)\}|\,dx=\int_{-2\sqrt{3}}^{2\sqrt{3}} 2|f(x)|\,dx$$

$$=2\int_0^{2\sqrt{3}} \{-2f(x)\}\,dx=4\int_0^{2\sqrt{3}} (-ax^3+12ax)\,dx$$

$$=4a\left[-\frac{1}{4}x^4+6x^2\right]_0^{2\sqrt{3}}=4a(-36+72)=144a$$

$S=24$에서 $144a=24$이므로 $a=\dfrac{1}{6}$

따라서 $f(x)=\dfrac{1}{6}(x^3-12x)$이므로

$$f(1)=\frac{1}{6}(1-12)=-\frac{11}{6}$$

(ii) $f(2)=0$인 경우

$\ominus$에서 $f(2)=8a-24a+C=0$이므로 $C=16a$

$$f(x)=ax^3-12ax+16a=a(x-2)^2(x+4)$$

두 곡선 $y=f(x)$, $y=-f(x)$는 그림과 같다.

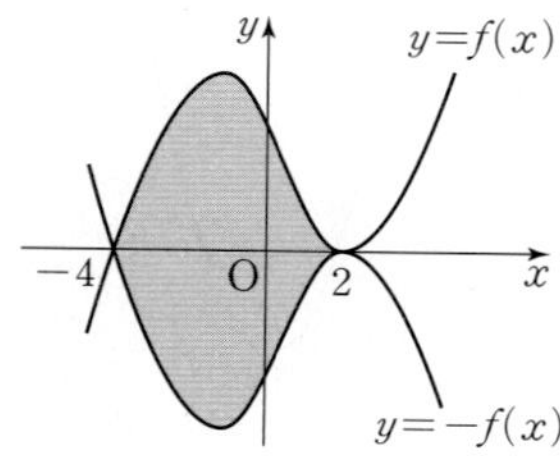

$$S=\int_{-4}^2 |f(x)-\{-f(x)\}|\,dx$$

$$=\int_{-4}^2 2f(x)\,dx$$

$$=2\int_{-4}^2 (ax^3-12ax+16a)\,dx$$

$$=2a\left[\frac{1}{4}x^4-6x^2+16x\right]_{-4}^2$$

$$=2a\{12-(-96)\}$$

$$=216a$$

$S=24$에서 $216a=24$이므로 $a=\dfrac{1}{9}$

따라서 $f(x)=\dfrac{1}{9}(x-2)^2(x+4)$이므로

$$f(1)=\frac{1}{9}\times(-1)^2\times5=\frac{5}{9}$$

(iii) $f(-2)=0$인 경우

$\ominus$에서 $f(-2)=-8a+24a+C=0$이므로 $C=-16a$

$$f(x)=ax^3-12ax-16a=a(x+2)^2(x-4)$$

두 곡선 $y=f(x)$, $y=-f(x)$는 그림과 같다.

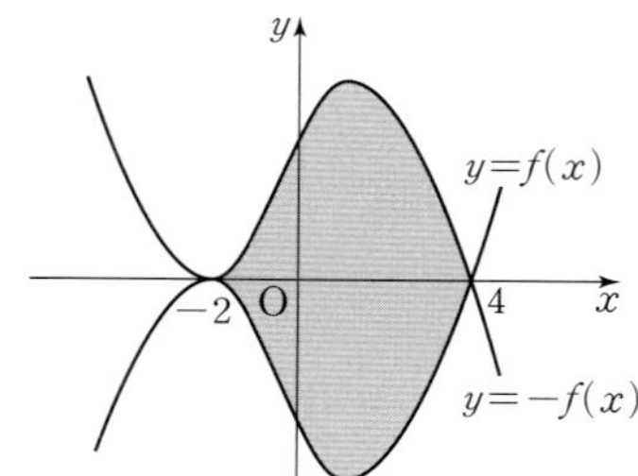

$$S=\int_{-2}^4 |f(x)-\{-f(x)\}|\,dx$$

$$=\int_{-2}^4 \{-2f(x)\}\,dx$$

$$=2\int_{-2}^4 (-ax^3+12ax+16a)\,dx$$

$$=2a\left[-\frac{1}{4}x^4+6x^2+16x\right]_{-2}^4$$

$$=2a\{96-(-12)\}$$

$$=216a$$

$S=24$에서 $216a=24$이므로 $a=\dfrac{1}{9}$

따라서 $f(x)=\dfrac{1}{9}(x+2)^2(x-4)$이므로

$$f(1)=\frac{1}{9}\times3^2\times(-3)=-3$$

(i), (ii), (iii)에서 $f(1)$의 최솟값은 -3, 최댓값은 $\dfrac{5}{9}$이므로
$f(1)$의 최솟값과 최댓값의 합은

$$-3+\frac{5}{9}=-\frac{22}{9}$$

09. 미니모의고사

1 ③	**2** 15	**3** ④	**4** ④
5 ②	**6** 18	**7** ⑤	**8** ③
9 ③	**10** ⑤		

1

극한값 $\lim_{x \to 1} f(x)$가 존재하므로

$$\lim_{x \to 1-} f(x) = \lim_{x \to 1+} f(x)$$

즉, $\lim_{x \to 1-} \dfrac{a}{x+7} = \lim_{x \to 1+} (x+2)$에서

$$\frac{a}{1+7} = 3$$

$a = 24$

한편, $\lim_{x \to b+} f(x) = \infty$에서 함수 $y = f(x)$의 그래프의 점근선은 직선

$x = -7$이므로

$b = -7$

따라서 $a + b = 24 + (-7) = 17$

2

함수 $f(x)$가 실수 전체의 집합에서 연속이고 모든 실수 x에 대하여 $f(x) > 0$이므로

$|f(x)| = f(x)$

조건 (가)에서 함수 $|f(x)g(x)| = f(x)|g(x)|$가 실수 전체의 집합에서 연속이고 연속함수 $f(x)$가 실수 전체의 집합에서 $f(x) > 0$이므로 함수 $\dfrac{f(x)|g(x)|}{f(x)} = |g(x)|$도 실수 전체의 집합에서 연속이다.

즉, $\lim_{x \to 1+} g(x) = a$, $\lim_{x \to 1-} g(x) = b$라 할 때,

$\lim_{x \to 1+} |g(x)| = |a|$, $\lim_{x \to 1-} |g(x)| = |b|$이고

$|a| = |b| = |g(1)|$이다.

이때 $\lim_{x \to 1+} g(x) > \lim_{x \to 1-} g(x)$에서 $a > b$이므로

$a > 0 > b$이고

$b = -a$ $\cdots\cdots$ ㉠

한편, 조건 (나)에서

$$\lim_{x \to 1-} f(x)g(x) = \lim_{x \to 1-} (x^2 - 2x - 8)$$
$$= 1 - 2 - 8$$
$$= -9$$

즉, $\lim_{x \to 1-} |f(x)g(x)| = 9$이고 함수 $|f(x)g(x)|$는 $x = 1$에서 연속이므로

$|f(1)g(1)| = f(1)|g(1)| = 9$ $\cdots\cdots$ ㉡

또한

$$\lim_{x \to 1+} \frac{g(x)}{f(x)} = \lim_{x \to 1+} (3x + 1)$$
$$= 3 + 1$$
$$= 4$$

즉, $\lim_{x \to 1+} \left| \dfrac{g(x)}{f(x)} \right| = 4$이고 함수 $\left| \dfrac{g(x)}{f(x)} \right| = \dfrac{|g(x)|}{f(x)}$는 $x = 1$에서 연속이므로

$$\frac{|g(1)|}{f(1)} = 4 \qquad \cdots\cdots \text{㉢}$$

㉡, ㉢에서 $|g(1)|^2 = 36$이므로

$|g(1)| = 6$

이것을 ㉢에 대입하면

$$f(1) = \frac{3}{2}$$

따라서 $10f(1) = 10 \times \dfrac{3}{2} = 15$

3

$\lim_{x \to 1} \dfrac{f(x)+3}{x-1} = 4$에서 $x \to 1$일 때 (분모) $\to 0$이고 극한값이 존재하므로 (분자) $\to 0$이어야 한다.

즉, $\lim_{x \to 1} \{f(x)+3\} = f(1) + 3 = 0$이므로

$f(1) = -3$

이때 $\lim_{x \to 1} \dfrac{f(x)+3}{x-1} = \lim_{x \to 1} \dfrac{f(x)-f(1)}{x-1} = f'(1)$이므로

$f'(1) = 4$

한편, $\lim_{x \to 1} \dfrac{f(x)+g(x)}{x-1} = 10$에서 $x \to 1$일 때 (분모) $\to 0$이고 극한값이 존재하므로 (분자) $\to 0$이어야 한다.

즉, $\lim_{x \to 1} \{f(x)+g(x)\} = f(1) + g(1) = 0$이므로

$g(1) = -f(1) = -(-3) = 3$

이때

$$\lim_{x \to 1} \frac{f(x)+g(x)}{x-1} = \lim_{x \to 1} \left\{ \frac{f(x)-f(1)}{x-1} + \frac{g(x)-g(1)}{x-1} \right\}$$
$$= f'(1) + g'(1)$$
$$= 10$$

이므로

$g'(1) = 10 - f'(1) = 10 - 4 = 6$

따라서 $g(1) + g'(1) = 3 + 6 = 9$

4

$(x_1 - x_2)\{f(x_1) - f(x_2)\} > 0$에서 $x_1 > x_2$이면 $f(x_1) > f(x_2)$이고 $x_1 < x_2$이면 $f(x_1) < f(x_2)$이므로 함수 $f(x)$는 실수 전체의 집합에서 증가한다.

따라서 모든 실수 x에 대하여 $f'(x) \geq 0$이어야 하므로

$f'(x) = 3x^2 - 2ax + a$에서

$3x^2 - 2ax + a \geq 0$

이차방정식 $3x^2 - 2ax + a = 0$의 판별식을 D라 하면 $D \leq 0$이어야 하므로

$$\frac{D}{4} = a^2 - 3a \leq 0$$

$a(a-3) \leq 0$, $0 \leq a \leq 3$

따라서 구하는 모든 정수 a의 값은 0, 1, 2, 3이고, 그 개수는 4이다.

5

$f(x)=x^4+ax^3+bx^2+cx+d$ $(a, b, c, d$는 상수)로 놓으면

$f'(x)=4x^3+3ax^2+2bx+c$

조건 (가)에서 모든 실수 x에 대하여 $f'(x)=-f'(-x)$이므로

$4x^3+3ax^2+2bx+c=-4(-x)^3-3a(-x)^2-2b(-x)-c$

$6ax^2+2c=0$에서 $a=0$, $c=0$이므로

$f(x)=x^4+bx^2+d$

$f'(x)=4x^3+2bx$

조건 (나)에서 $x=2$일 때 극솟값을 가지므로

$f'(2)=0$

$32+4b=0$에서 $b=-8$

$f(x)=x^4-8x^2+d$에서 모든 실수 x에 대하여 $f(-x)=f(x)$이므로 함수 $y=f(x)$의 그래프는 y축에 대하여 대칭이고

$f'(x)=4x^3-16x=4x(x^2-4)$

$\qquad =4x(x+2)(x-2)$

$f'(x)=0$에서

$x=-2$ 또는 $x=0$ 또는 $x=2$

함수 $f(x)$의 증가와 감소를 표로 나타내면 다음과 같다.

x	$\cdots$	-2	$\cdots$	0	$\cdots$	2	$\cdots$
$f'(x)$	$-$	0	$+$	0	$-$	0	$+$
$f(x)$	$\searrow$	극소	$\nearrow$	극대	$\searrow$	극소	$\nearrow$

즉, 함수 $f(x)$는 $x=0$에서 극댓값, $x=-2$와 $x=2$에서 극솟값을 갖는다.

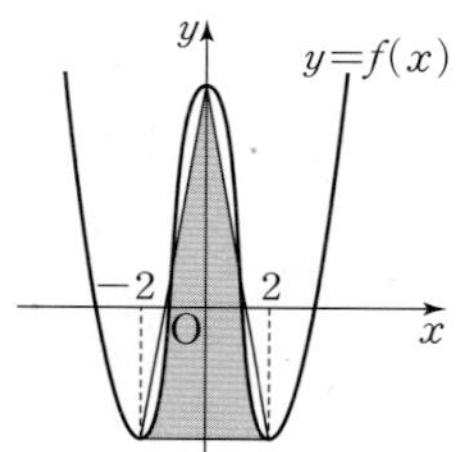

$[d>0,\ f(2)<0$인 경우$]$

이때 $f(0)-f(2)=d-(16-32+d)=16$

이므로 구하는 삼각형의 넓이는

$\dfrac{1}{2}\times\{2-(-2)\}\times16=32$

6

두 점 P, Q의 시각 t에서의 속도를 각각 $v_1(t)$, $v_2(t)$라 하면

$v_1(t)=f'(t)=t^2+2t$

$v_2(t)=g'(t)=4t+3$

$v_1(t)=v_2(t)$에서

$t^2+2t=4t+3$

$t^2-2t-3=0$

$(t+1)(t-3)=0$

$t>0$이므로 $t=3$

$t=3$에서의

점 P의 위치는 $f(3)=18+a$

점 Q의 위치는 $g(3)=27$

따라서 $t=3$일 때 두 점 P, Q 사이의 거리는

$|(18+a)-27|=|a-9|=12$에서

$a=21$ 또는 $a=-3$

따라서 구하는 모든 상수 a의 값의 합은

$21+(-3)=18$

7

$f'(x)=x^2-2x$

$f(x)=\displaystyle\int(x^2-2x)dx$

$\qquad =\dfrac{1}{3}x^3-x^2+C$ (단, C는 적분상수)

한편, $f'(x)=0$에서

$x^2-2x=0$

$x(x-2)=0$

$x=0$ 또는 $x=2$

함수 $f(x)$의 증가와 감소를 표로 나타내면 다음과 같다.

x	$\cdots$	0	$\cdots$	2	$\cdots$
$f'(x)$	$+$	0	$-$	0	$+$
$f(x)$	$\nearrow$	극대	$\searrow$	극소	$\nearrow$

함수 $f(x)$는 $x=0$에서 극댓값, $x=2$에서 극솟값을 갖는다.

함수 $f(x)$의 극댓값이 3이므로

$f(0)=C=3$

따라서 $f(x)=\dfrac{1}{3}x^3-x^2+3$이므로 $f(x)$의 극솟값은

$f(2)=\dfrac{1}{3}\times2^3-2^2+3$

$\qquad =\dfrac{5}{3}$

8

$xf(x)=\begin{cases} x^2+2x & (x<0) \\ 3x^2+x & (x\geq0) \end{cases}$ 이므로

(ⅰ) $x<0$일 때

$g(x)=\displaystyle\int_{-1}^{x}(t^2+2t)dt$

$\qquad =\left[\dfrac{1}{3}t^3+t^2\right]_{-1}^{x}$

$\qquad =\dfrac{1}{3}x^3+x^2-\dfrac{2}{3}$

(ⅱ) $x\geq0$일 때

$g(x)=\displaystyle\int_{-1}^{0}(t^2+2t)dt+\int_{0}^{x}(3t^2+t)dt$

$\qquad =\left[\dfrac{1}{3}t^3+t^2\right]_{-1}^{0}+\left[t^3+\dfrac{1}{2}t^2\right]_{0}^{x}$

$\qquad =x^3+\dfrac{1}{2}x^2-\dfrac{2}{3}$

(ⅰ), (ⅱ)에서

$$g(x)=\begin{cases}\dfrac{1}{3}x^3+x^2-\dfrac{2}{3} & (x<0)\\[2mm] x^3+\dfrac{1}{2}x^2-\dfrac{2}{3} & (x\geq0)\end{cases}$$

따라서 $g(-3)+g(2)=-\dfrac{2}{3}+\dfrac{28}{3}=\dfrac{26}{3}$

9

$0\leq t\leq4$에서 $v(t)=-t^2+4t\geq0$,

$t>4$에서 $v(t)=-t^2+4t<0$이므로

함수 $f(a)$는 다음과 같이 a의 값의 범위에 따라 구할 수 있다.

(ⅰ) $0\leq a\leq2$일 때,

$$\begin{aligned}
f(a)&=\int_{a}^{a+2}|-t^2+4t|\,dt\\
&=\int_{a}^{a+2}(-t^2+4t)\,dt\\
&=\left[-\dfrac{1}{3}t^3+2t^2\right]_{a}^{a+2}\\
&=\left\{-\dfrac{1}{3}(a+2)^3+2(a+2)^2\right\}-\left(-\dfrac{1}{3}a^3+2a^2\right)\\
&=-2a^2+4a+\dfrac{16}{3}
\end{aligned}$$

(ⅱ) $2<a<4$일 때,

$$\begin{aligned}
f(a)&=\int_{a}^{a+2}|-t^2+4t|\,dt\\
&=\int_{a}^{4}(-t^2+4t)\,dt+\int_{4}^{a+2}(t^2-4t)\,dt\\
&=\left[-\dfrac{1}{3}t^3+2t^2\right]_{a}^{4}+\left[\dfrac{1}{3}t^3-2t^2\right]_{4}^{a+2}\\
&=\left(-\dfrac{64}{3}+32\right)-\left(-\dfrac{1}{3}a^3+2a^2\right)\\
&\qquad+\left\{\dfrac{1}{3}(a+2)^3-2(a+2)^2\right\}-\left(\dfrac{64}{3}-32\right)\\
&=\dfrac{2}{3}a^3-2a^2-4a+16
\end{aligned}$$

(ⅲ) $a\geq4$일 때,

$$\begin{aligned}
f(a)&=\int_{a}^{a+2}|-t^2+4t|\,dt\\
&=\int_{a}^{a+2}(t^2-4t)\,dt\\
&=\left[\dfrac{1}{3}t^3-2t^2\right]_{a}^{a+2}\\
&=\left\{\dfrac{1}{3}(a+2)^3-2(a+2)^2\right\}-\left(\dfrac{1}{3}a^3-2a^2\right)\\
&=2a^2-4a-\dfrac{16}{3}
\end{aligned}$$

ㄱ. $0\leq a\leq2$일 때,

$f(a)=-2a^2+4a+\dfrac{16}{3}$이므로

$f(1)=-2+4+\dfrac{16}{3}$

$=\dfrac{22}{3}$ (참)

ㄴ. $a\geq4$일 때,

$f(a)=2a^2-4a-\dfrac{16}{3}$이므로

$$\begin{aligned}
\lim_{a\to\infty}\dfrac{f(a)}{a^2}&=\lim_{a\to\infty}\dfrac{2a^2-4a-\dfrac{16}{3}}{a^2}\\
&=\lim_{a\to\infty}\left(2-\dfrac{4}{a}-\dfrac{16}{3a^2}\right)\\
&=2 \text{ (참)}
\end{aligned}$$

ㄷ. $0\leq a\leq2$일 때,

$f(a)=-2a^2+4a+\dfrac{16}{3}=-2(a-1)^2+\dfrac{22}{3}$

이므로 함수 $f(a)$의 최솟값은 $f(0)=f(2)=\dfrac{16}{3}$

이다.

$2<a<4$일 때,

$f(a)=\dfrac{2}{3}a^3-2a^2-4a+16$

이므로

$f'(a)=2a^2-4a-4=2(a^2-2a-2)$

$f'(a)=0$에서 $2<a<4$이므로

$a=1+\sqrt{3}$

따라서 함수 $f(a)$는 $a=1+\sqrt{3}$에서 극소이고 동시에 최소이므로

함수 $f(a)$의 최솟값은 $f(1+\sqrt{3})$이고,

$f(1+\sqrt{3})<f(2)$이다.

$a\geq4$일 때,

$f(a)=2a^2-4a-\dfrac{16}{3}=2(a-1)^2-\dfrac{22}{3}$

이므로 함수 $f(a)$의 최솟값은 $f(4)=\dfrac{32}{3}$이다.

이때 $f(1+\sqrt{3})<f(2)<f(4)$이므로

함수 $f(a)$는 $a=1+\sqrt{3}$에서 최솟값을 갖는다. (거짓)

이상에서 옳은 것은 ㄱ, ㄴ이다.

10

시각 $t=1$에서의 점 P의 위치가 -5이므로

$$\begin{aligned}
0+\int_{0}^{1}v(t)\,dt&=\int_{0}^{1}(3t^2-4t+k)\,dt=\left[t^3-2t^2+kt\right]_{0}^{1}\\
&=k-1\\
&=-5
\end{aligned}$$

에서 $k=-4$

즉, $v(t)=3t^2-4t-4$

점 P가 움직이는 방향이 바뀔 때 속도 $v(t)=0$이므로

$3t^2-4t-4=0$에서 $(3t+2)(t-2)=0$

$t>0$이므로 $t=2$

$0<t<2$일 때 $v(t)<0$이고 $t>2$일 때 $v(t)>0$이므로

시각 $t=2$일 때 점 P가 움직이는 방향을 바꾼다.

따라서 시각 $t=0$에서 시각 $t=2$까지 점 P가 움직인 거리는

$$\begin{aligned}
\int_{0}^{2}|v(t)|\,dt&=\int_{0}^{2}|3t^2-4t-4|\,dt\\
&=\int_{0}^{2}(-3t^2+4t+4)\,dt\\
&=\left[-t^3+2t^2+4t\right]_{0}^{2}\\
&=8
\end{aligned}$$

10회 미니모의고사

1 ②	**2** ②	**3** ②	**4** ①
5 ③	**6** 13	**7** ③	**8** ①
9 ④	**10** 4		

1

(i) $a=-3$, $a=3$일 때,

$\lim\limits_{x \to a-} f(x)=0$, $\lim\limits_{x \to a+} f(x)=0$이므로

$\lim\limits_{x \to a-} f(x) \times \lim\limits_{x \to a+} f(x)=0$

(ii) $a=-2$, $a=-1$일 때,

$\lim\limits_{x \to a-} f(x)<0$, $\lim\limits_{x \to a+} f(x)<0$이므로

$\lim\limits_{x \to a-} f(x) \times \lim\limits_{x \to a+} f(x)>0$

(iii) $a=0$일 때,

$\lim\limits_{x \to a-} f(x)<0$, $\lim\limits_{x \to a+} f(x)>0$이므로

$\lim\limits_{x \to a-} f(x) \times \lim\limits_{x \to a+} f(x)<0$

(iv) $a=1$, $a=2$일 때,

$\lim\limits_{x \to a-} f(x)>0$, $\lim\limits_{x \to a+} f(x)>0$이므로

$\lim\limits_{x \to a-} f(x) \times \lim\limits_{x \to a+} f(x)>0$

(i)~(iv)에서 $-4<a<4$일 때, $\lim\limits_{x \to a-} f(x) \times \lim\limits_{x \to a+} f(x) \leq 0$을 만족시키는 모든 정수 a의 값은 -3, 0, 3이고 그 개수는 3이다.

2

함수 $f(x)$가 $x=1$에서 연속이므로 $\lim\limits_{x \to 1} f(x)=f(1)$이어야 한다.

따라서

$a=\lim\limits_{x \to 1} f(x)=\lim\limits_{x \to 1} \dfrac{\sqrt{x^2+3}-2}{x-1}=\lim\limits_{x \to 1} \dfrac{x^2-1}{(x-1)(\sqrt{x^2+3}+2)}$

$=\lim\limits_{x \to 1} \dfrac{x+1}{\sqrt{x^2+3}+2}=\dfrac{2}{2+2}=\dfrac{1}{2}$

3

곡선 $y=(2x+1)f(x)$ 위의 점 $(2, 5)$에서의 접선의 기울기가 3이므로 $g(x)=(2x+1)f(x)$라 하면

$g(2)=5$, $g'(2)=3$

$g(2)=5f(2)=5$에서

$f(2)=1$ ····· ㉠

$g'(x)=2f(x)+(2x+1)f'(x)$에서

$g'(2)=2f(2)+5f'(2)=3$

㉠을 대입하면

$f'(2)=\dfrac{1}{5}$

따라서 $a=1$, $b=\dfrac{1}{5}$이므로

$a+b=1+\dfrac{1}{5}=\dfrac{6}{5}$

4

$f(x)=x^4-24x+22$라 하면 $f'(x)=4x^3-24$

점 P의 x좌표를 t라 하면 점 P에서의 접선의 기울기가 8이므로

$4t^3-24=8$, $t^3=8$

$t=2$

$f(t)=f(2)=16-48+22=-10$

따라서 곡선 $y=x^4-24x+22$ 위의 점 P$(2, -10)$에서의 접선의 방정식은

$y-(-10)=8(x-2)$, 즉 $y=8x-26$

이므로 이 접선의 y절편은 -26이다.

5

점 P의 좌표를 $\left(t, t^4-\dfrac{3}{2}t^2-t+2\right)$ $(t>0)$이라 하면

$y=t^4-\dfrac{3}{2}t^2-t+2$에서

$y'=4t^3-3t-1=(t-1)(2t+1)^2$

이므로 함수 $y=t^4-\dfrac{3}{2}t^2-t+2$는 $t=1$에서 최솟값 $\dfrac{1}{2}$ 을

갖는다. 즉, $t>0$에서 $t^4-\dfrac{3}{2}t^2-t+2>0$이다.

사각형 OQPR의 둘레의 길이를 $f(t)$라 하면

$f(t)=2t+2\left(t^4-\dfrac{3}{2}t^2-t+2\right)=2t^4-3t^2+4$

에서 $f'(t)=8t^3-6t=2t(2t+\sqrt{3})(2t-\sqrt{3})$

$t>0$이므로 $f'(t)=0$에서 $t=\dfrac{\sqrt{3}}{2}$

$t>0$에서 함수 $f(t)$의 증가와 감소를 표로 나타내면 다음과 같다.

t	(0)	$\cdots$	$\dfrac{\sqrt{3}}{2}$	$\cdots$
$f'(t)$		$-$	0	$+$
$f(t)$		$\searrow$	극소	$\nearrow$

$t>0$에서 함수 $f(t)$는 $t=\dfrac{\sqrt{3}}{2}$에서 최소이고 최솟값은

$f\left(\dfrac{\sqrt{3}}{2}\right)=2\times\dfrac{9}{16}-3\times\dfrac{3}{4}+4=\dfrac{23}{8}$

6

점 P의 시각 t $(t \geq 0)$에서의 속도를 v라 하면

$v=3t^2-2at+b=3\left(t-\dfrac{a}{3}\right)^2+b-\dfrac{a^2}{3}$

이때 조건 (가)에 의하여 점 P가 운동 방향을 바꾸지 않으므로 0 이상의 모든 실수 t에 대하여 $v \geq 0$이어야 한다. 이때 $a>0$이므로

$b-\dfrac{a^2}{3} \geq 0$, 즉 $b \geq \dfrac{a^2}{3}$

한편, $t \geq 0$일 때 $v \geq 0$이므로 점 P의 속력은

$|v|=v=3\left(t-\dfrac{a}{3}\right)^2+b-\dfrac{a^2}{3}$

이다. 조건 (나)에 의하여 $|v|$이 $t=\dfrac{2}{3}$일 때 최소이므로

$\dfrac{a}{3}=\dfrac{2}{3}$, 즉 $a=2$

그러므로 $b\geq\dfrac{a^2}{3}=\dfrac{4}{3}$

따라서 $x=t^3-2t^2+bt\left(b\geq\dfrac{4}{3}\right)$이고 점 P의 시각 $t=3$에서의 위치는

$27-2\times9+3b=3b+9\geq3\times\dfrac{4}{3}+9=13$

이므로 구하는 최솟값은 13이다.

7

조건 (가)에서 $f(x)=ax^3+bx$ (a, b는 상수, $a\neq0$)

조건 (나)에서 $f(1)=6$이므로

$a+b=6$ $\cdots\cdots$ ㉠

조건 (가), (다)에서

$$\int_{-2}^{2}f'(x)\,dx=\Big[f(x)\Big]_{-2}^{2}$$
$$=f(2)-f(-2)$$
$$=2f(2)=12$$

$f(2)=6$이므로

$8a+2b=6$

$4a+b=3$ $\cdots\cdots$ ㉡

㉠, ㉡을 연립하여 풀면

$a=-1$, $b=7$

따라서 $f(x)=-x^3+7x$이므로

$f(3)=-27+21=-6$

8

조건 (가)에서 $\displaystyle\int_{1}^{x}f(t)dt=\dfrac{x-1}{3}\{f(x)+k\}$의 양변을

x에 대하여 미분하면

$f(x)=\dfrac{1}{3}\{f(x)+k\}+\dfrac{x-1}{3}f'(x)$

즉, $2f(x)=k+(x-1)f'(x)$ $\cdots\cdots$ ㉠

다항함수 $f(x)$의 최고차항을

ax^n (n은 자연수, a는 0이 아닌 상수)

라 하면 ㉠의 양변의 최고차항이 서로 같아야 하므로

$2ax^n=anx^n$에서 $n=2$

즉, 함수 $f(x)$는 이차함수이어야 한다.

$f(x)=ax^2+bx+c$ (a, b, c는 상수, $a\neq0$)이라 하면

$f'(x)=2ax+b$

이것을 ㉠에 대입하여 정리하면

$2ax^2+2bx+2c=2ax^2+(b-2a)x+k-b$ $\cdots\cdots$ ㉡

㉡은 모든 실수 x에 대하여 성립하므로

$2b=b-2a$, $2c=k-b$

즉, $b=-2a$, $k=2(c-a)$

$f(x)=ax^2-2ax+c$

$\quad\ =a(x-1)^2-a+c$

$\quad\ =a(x-1)^2+\dfrac{k}{2}$

한편, 조건 (나)로부터 $a>0$, $\dfrac{k}{2}=-4$, 즉 $k=-8$임을 알 수 있다.

따라서 $f(x)=a(x-1)^2-4$이고 조건 (다)에서 $f(0)\geq0$

이므로 $\displaystyle\int_{0}^{2}f(x)dx$의 값은 $f(0)=0=f(2)$일 때, 즉 $a=4$

일 때 최소이다.

따라서 $\displaystyle\int_{0}^{2}f(x)dx$의 최솟값은

$$\int_{0}^{2}\{4(x-1)^2-4\}dx=\int_{0}^{2}(4x^2-8x)dx$$
$$=\left[\dfrac{4}{3}x^3-4x^2\right]_{0}^{2}$$
$$=-\dfrac{16}{3}$$

9

함수 $f(x)$의 부정적분 중 하나를 $F(x)$라 하면

$$\lim_{x\to2}\dfrac{1}{x^3-4x}\int_{4}^{x^2}f(t)dt=\lim_{x\to2}\left\{\dfrac{F(x^2)-F(4)}{x^2-4}\times\dfrac{1}{x}\right\}$$
$$=\lim_{x\to2}\dfrac{F(x^2)-F(4)}{x^2-4}\times\dfrac{1}{2}$$

$\displaystyle\lim_{x\to2}\dfrac{F(x^2)-F(4)}{x^2-4}$에서 $x^2=u$로 치환하면 $x\longrightarrow2$일 때 $u\longrightarrow4$이므로

$$\lim_{x\to2}\dfrac{F(x^2)-F(4)}{x^2-4}=\lim_{u\to4}\dfrac{F(u)-F(4)}{u-4}=F'(4)=f(4)$$
$$=1+4+4^2+4^3+4^4+4^5$$
$$=\dfrac{4^6-1}{4-1}=\dfrac{4^6-1}{3}$$

따라서 $\displaystyle\lim_{x\to2}\dfrac{1}{x^3-4x}\int_{4}^{x^2}f(t)dt=\dfrac{4^6-1}{3}\times\dfrac{1}{2}=\dfrac{2^{12}-1}{6}$

10

세 점 B, C, D의 좌표는 각각

$(a-1,\ a^2)$, $(a-1,\ 0)$, $(a,\ 0)$

$\overline{AB}=1$, $\overline{AD}=a^2$이므로

사각형 ABCD의 넓이는 a^2이다.

곡선 $y=f(x)$와 두 직선 $x=a-1$, $x=a$ 및 x축으로 둘러싸인 부분의 넓이는

$$\int_{a-1}^{a}|f(x)|dx=\int_{a-1}^{a}x^2dx=\left[\dfrac{1}{3}x^3\right]_{a-1}^{a}$$
$$=\dfrac{1}{3}a^3-\dfrac{1}{3}(a-1)^3=a^2-a+\dfrac{1}{3}$$

사각형 ABCD의 넓이가 곡선 $y=f(x)$에 의하여 이등분되므로

$a^2-a+\dfrac{1}{3}=\dfrac{a^2}{2}$

$3a^2-6a+2=0$

$a>1$이므로 $a=\dfrac{3+\sqrt{3}}{3}$

따라서

$12\times(a-1)^2=12\times\left(\dfrac{3+\sqrt{3}}{3}-1\right)^2=12\times\left(\dfrac{\sqrt{3}}{3}\right)^2=4$

11회 미니모의고사

1 ②	**2** ①	**3** ③	**4** ⑤
5 8	**6** ⑤	**7** ③	**8** ③
9 ②	**10** 127		

1

$-x=t$로 치환하면 $x \longrightarrow -\infty$일 때 $t \longrightarrow \infty$이므로

$$\lim_{x \to -\infty} \frac{2x+5}{\sqrt{x^2+3x}-x} = \lim_{t \to \infty} \frac{-2t+5}{\sqrt{t^2-3t}+t} = \lim_{t \to \infty} \frac{-2+\dfrac{5}{t}}{\sqrt{1-\dfrac{3}{t}}+1}$$

$$= \frac{-2}{1+1} = -1$$

2

ㄱ. $\displaystyle\lim_{x \to 0-} g(x) = \lim_{x \to 0-} \frac{f(x)+f(-x)}{2} = \frac{\displaystyle\lim_{x \to 0-} f(x) + \lim_{x \to 0+} f(x)}{2}$

$$= \frac{-1+0}{2} = -\frac{1}{2}$$

$\displaystyle\lim_{x \to 0+} g(x) = \lim_{x \to 0+} \frac{f(x)+f(-x)}{2} = \frac{\displaystyle\lim_{x \to 0+} f(x) + \lim_{x \to 0-} f(x)}{2}$

$$= \frac{0+(-1)}{2} = -\frac{1}{2}$$

$$g(0) = \frac{f(0)+f(0)}{2} = 0$$

이므로 $\displaystyle\lim_{x \to 0} g(x) \neq g(0)$

따라서 함수 $g(x)$는 $x=0$에서 불연속이다. (거짓)

ㄴ. 함수 $y=f(x)$의 그래프는 [그림 1]과 같다.

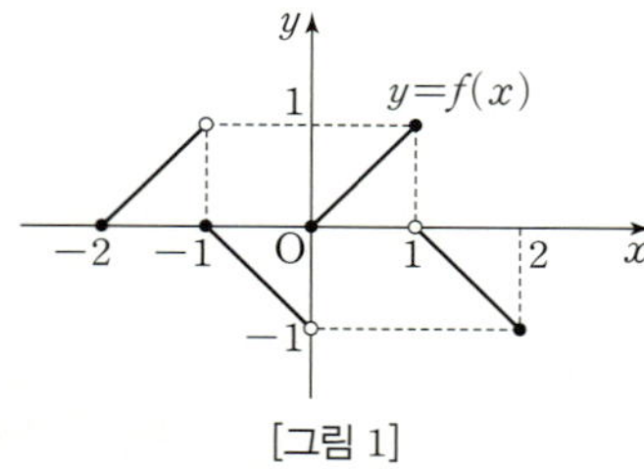

[그림 1]

함수 $y=-f(-x)$의 그래프는 함수 $y=f(x)$의 그래프를 원점에 대하여 대칭이동한 것이므로 함수 $y=h(x)$의 그래프는 [그림 2]와 같다.

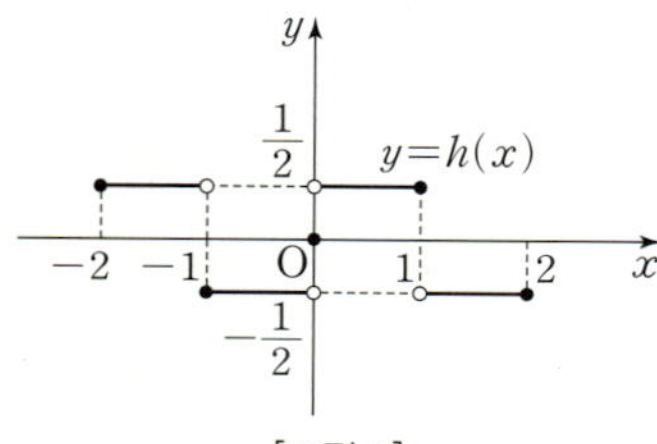

[그림 2]

[그림 2]에서 $-2<a<0$인 모든 실수 a에 대하여 $\displaystyle\lim_{x \to a+} h(x) = h(a)$이다. (참)

ㄷ. 함수 $y=f(-x)$의 그래프는 함수 $y=f(x)$의 그래프를 y축에 대하여 대칭이동한 것이므로 함수 $y=g(x)$의 그래프는 [그림 3]과 같다.

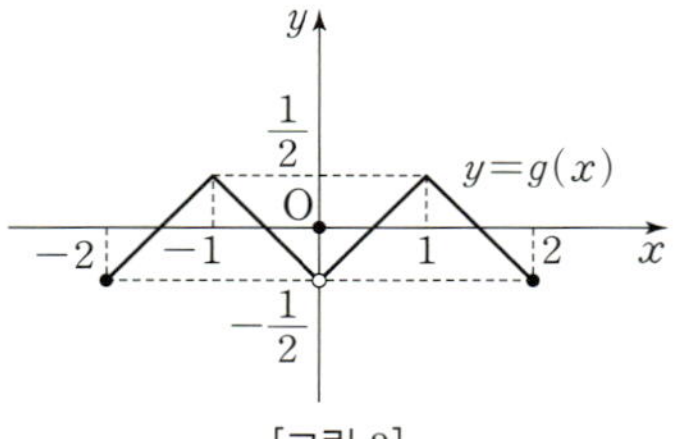

[그림 3]

함수 $g(x)$는 $x=0$에서만 불연속이고, 함수 $h(x)$는 $x=-1$, $x=0$, $x=1$에서만 불연속이다.

(ⅰ) $\displaystyle\lim_{x \to -1-} \{g(x)+k\}h(x) = \left(\frac{1}{2}+k\right) \times \frac{1}{2}$

$\displaystyle\lim_{x \to -1+} \{g(x)+k\}h(x) = \left(\frac{1}{2}+k\right) \times \left(-\frac{1}{2}\right)$

$\{g(-1)+k\}h(-1) = \left(\frac{1}{2}+k\right) \times \left(-\frac{1}{2}\right)$

이므로

$$\left(\frac{1}{2}+k\right) \times \frac{1}{2} = \left(\frac{1}{2}+k\right) \times \left(-\frac{1}{2}\right)$$

$$k = -\frac{1}{2}$$

즉, $k=-\dfrac{1}{2}$일 때 함수 $\{g(x)+k\}h(x)$는 $x=-1$에서 연속이다.

(ⅱ) $\displaystyle\lim_{x \to 0-} \{g(x)+k\}h(x) = \left(-\frac{1}{2}+k\right) \times \left(-\frac{1}{2}\right)$

$\displaystyle\lim_{x \to 0+} \{g(x)+k\}h(x) = \left(-\frac{1}{2}+k\right) \times \frac{1}{2}$

$\{g(0)+k\}h(0) = 0$

이므로

$$\left(-\frac{1}{2}+k\right) \times \left(-\frac{1}{2}\right) = \left(-\frac{1}{2}+k\right) \times \frac{1}{2} = 0$$

$$k = \frac{1}{2}$$

즉, $k=\dfrac{1}{2}$일 때 함수 $\{g(x)+k\}h(x)$는 $x=0$에서 연속이다.

(ⅲ) $\displaystyle\lim_{x \to 1-} \{g(x)+k\}h(x) = \left(\frac{1}{2}+k\right) \times \frac{1}{2}$

$\displaystyle\lim_{x \to 1+} \{g(x)+k\}h(x) = \left(\frac{1}{2}+k\right) \times \left(-\frac{1}{2}\right)$

$\{g(1)+k\}h(1) = \left(\frac{1}{2}+k\right) \times \frac{1}{2}$

이므로

$$\left(\frac{1}{2}+k\right) \times \frac{1}{2} = \left(\frac{1}{2}+k\right) \times \left(-\frac{1}{2}\right)$$

$$k = -\frac{1}{2}$$

즉, $k=-\dfrac{1}{2}$일 때 함수 $\{g(x)+k\}h(x)$는 $x=1$에서 연속이다.

(ⅰ), (ⅱ), (ⅲ)에서 함수 $\{g(x)+k\}h(x)$는

$k=-\dfrac{1}{2}$이면 $x=0$에서만 불연속,

$k=\dfrac{1}{2}$이면 $x=-1$, $x=1$에서만 불연속,

$k\neq-\dfrac{1}{2}$, $k\neq\dfrac{1}{2}$이면 $x=-1$, $x=0$, $x=1$에서만 불연속이다.

따라서 함수 $\{g(x)+k\}h(x)$가 $x=b$ $(-2<b<2)$에서 불연속인 실수 b의 개수가 1이 되도록 하는 양수 k의 값은 존재하지 않는다. (거짓)

이상에서 옳은 것은 ㄴ뿐이다.

3

$$g(x)=\begin{cases} 4 & (x\leq 1) \\ f(x) & (1<x\leq k) \\ c & (x>k) \end{cases}$$

함수 $g(x)$가 실수 전체의 집합에서 미분가능하므로 실수 전체의 집합에서 연속이다. 즉, $x=1$, $x=k$에서도 연속이다.

$$\lim_{x\to 1}g(x)=g(1),\quad \lim_{x\to k}g(x)=g(k)$$

다항함수 $f(x)$는 실수 전체의 집합에서 연속이므로

$$f(1)=4,\ f(k)=c$$

즉, $1+a+b=4$, $k^3+ak^2+bk=c$ $\qquad\cdots\cdots$ ㉠

함수 $g(x)$가 실수 전체의 집합에서 미분가능하므로 $x=1$, $x=k$에서도 미분가능하다.

$$\lim_{x\to 1-}\frac{g(x)-g(1)}{x-1}=\lim_{x\to 1-}\frac{4-4}{x-1}=0$$

$$\begin{aligned}\lim_{x\to 1+}\frac{g(x)-g(1)}{x-1}&=\lim_{x\to 1+}\frac{f(x)-4}{x-1}\\ &=\lim_{x\to 1+}\frac{(x^3+ax^2+bx)-(1+a+b)}{x-1}\\ &=\lim_{x\to 1+}\frac{(x-1)\{x^2+(a+1)x+a+b+1\}}{x-1}\\ &=\lim_{x\to 1+}\{x^2+(a+1)x+a+b+1\}\\ &=\lim_{x\to 1+}\{x^2+(a+1)x+4\}\\ &=a+6\end{aligned}$$

$a+6=0$에서

$a=-6$

㉠에서 $b=9$

즉, $f(x)=x^3-6x^2+9x$이고

$$\begin{aligned}\lim_{x\to k-}\frac{g(x)-g(k)}{x-k}&=\lim_{x\to k-}\frac{f(x)-f(k)}{x-k}\\ &=\lim_{x\to k-}\frac{(x^3-6x^2+9x)-(k^3-6k^2+9k)}{x-k}\\ &=\lim_{x\to k-}\frac{(x-k)\{x^2+(k-6)x+k^2-6k+9\}}{x-k}\\ &=\lim_{x\to k-}\{x^2+(k-6)x+k^2-6k+9\}\\ &=3k^2-12k+9\end{aligned}$$

$$\begin{aligned}\lim_{x\to k+}\frac{g(x)-g(k)}{x-k}&=\lim_{x\to k+}\frac{c-f(k)}{x-k}\\ &=\lim_{x\to k+}\frac{0}{x-k}\\ &=0\end{aligned}$$

이므로

$3k^2-12k+9=0$에서

$3(k-1)(k-3)=0$

$k>1$이므로 $k=3$

$f(3)=3^3-6\times 3^2+9\times 3=0$

그러므로 $c=0$

따라서 $a-b+c-k=-6-9+0-3=-18$

4

$$\begin{aligned}f(x)&=x^3+(a+4)x^2+(4a+6)x+4a+5\\ &=(x^2+4x+4)a+x^3+4x^2+6x+5\end{aligned}$$

따라서 함수 $y=f(x)$의 그래프가 a의 값에 관계없이 항상 지나는 점의 x좌표는

$x^2+4x+4=(x+2)^2=0$에서 $x=-2$이고 이때 y좌표는

$(-2)^3+4\times(-2)^2+6\times(-2)+5=1$

즉, $P(-2,\ 1)$

또한 $f'(x)=3x^2+2(a+4)x+4a+6$이고 $f'(-2)=2$이므로

점 $P(-2,\ 1)$에서의 접선의 방정식은

$y-1=2(x+2)$, 즉 $y=2x+5$

따라서 직선 $y=2x+5$의 x절편과 y절편은 각각 $-\dfrac{5}{2}$, 5이므로 구하는 넓이는

$$\frac{1}{2}\times\frac{5}{2}\times 5=\frac{25}{4}$$

5

$f(x)=3x^4+4x^3-12x^2+5$에서

$$\begin{aligned}f'(x)&=12x^3+12x^2-24x\\ &=12x(x^2+x-2)\\ &=12x(x+2)(x-1)\end{aligned}$$

$f'(x)=0$에서 $x=-2$ 또는 $x=0$ 또는 $x=1$

함수 $f(x)$의 증가와 감소를 표로 나타내면 다음과 같다.

x	$\cdots$	-2	$\cdots$	0	$\cdots$	1	$\cdots$
$f'(x)$	$-$	0	$+$	0	$-$	0	$+$
$f(x)$	$\searrow$	-27	$\nearrow$	5	$\searrow$	0	$\nearrow$

이때 $f'(x)>0$인 구간, 즉 함수 $f(x)$가 증가하는 열린구간은 $-2<x<0$ 또는 $x>1$이므로 함수 $f(x-10)$이 증가하는 열린구간은 $8<x<10$ 또는 $x>11$이다.

따라서 함수 $f(x-10)$이 열린구간 $(n,\ n+2)$에서 증가할 때, 정수 n의 최솟값은 8이다.

6

시각 t에서의 두 점 P, Q의 속도를 각각 $v_1(t)$, $v_2(t)$라 하면

$$\begin{aligned}v_1(t)&=f'(t)\\ &=t^2-16\end{aligned}$$

$$\begin{aligned}v_2(t)&=g'(t)\\ &=4t-4\end{aligned}$$

$v_1(t)=v_2(t)$에서

$t^2-16=4t-4$

$(t+2)(t-6)=0$

$t\geq0$이므로 $t=6$

시각 t에서의 두 점 P, Q의 가속도를 각각 $a_1(t)$, $a_2(t)$라 하면

$a_1(t)=2t$, $a_2(t)=4$

시각 $t=6$에서의 두 점 P, Q의 가속도는 각각

$p=a_1(6)=2\times6=12$

$q=a_2(6)=4$

따라서 $p-q=12-4=8$

7

함수 $f(x)$의 부정적분이 x^3+3x+C이므로

$f(x)=(x^3+3x+C)'$

$\qquad=3x^2+3$

$f'(x)=6x$

따라서 $f'(2)=12$

8

$f(x)=x^3+ax^2+bx+c$ $(a,\,b,\,c$는 상수)라 하면

$f'(x)=3x^2+2ax+b$

주어진 조건에서 함수 $g(x)$가 $x=0$에서 극솟값 3을 가지므로

$g(0)=\displaystyle\int_0^0 f'(t)\,dt+(0+1)f(0)+1$

$\qquad=f(0)+1$

$\qquad=3$

즉, $f(0)=2$이므로 $c=2$

$g'(x)=f'(x)+f(x)+(x+1)f'(x)$에서

$g'(0)=f'(0)+f(0)+(0+1)f'(0)=2f'(0)+2=0$

이므로 $f'(0)=-1$

즉, $b=-1$

주어진 조건에서 $g(1)=8$이고 $f(x)=x^3+ax^2-x+2$이므로

$g(1)=\displaystyle\int_0^1 f'(t)\,dt+(1+1)f(1)+1$

$\qquad=\Big[\,f(t)\,\Big]_0^1+2f(1)+1$

$\qquad=f(1)-f(0)+2f(1)+1$

$\qquad=3f(1)-1$

$\qquad=3(1+a-1+2)-1$

$\qquad=3a+5=8$

에서 $a=1$

따라서 $f(x)=x^3+x^2-x+2$이므로

$f(-1)=-1+1+1+2=3$

9

$f(x)=\begin{cases} ax^2+b & (x<0) \\ -3 & (0\leq x<1) \\ bx^2+12x-4a & (x\geq1) \end{cases}$

함수 $f(x)$가 실수 전체의 집합에서 연속이므로 $x=0$, $x=1$에서도 연속이다.

$\displaystyle\lim_{x\to0-}f(x)=\lim_{x\to0+}f(x)=f(0)$에서

$\displaystyle\lim_{x\to0-}(ax^2+b)=-3$이므로 $b=-3$

$\displaystyle\lim_{x\to1-}f(x)=\lim_{x\to1+}f(x)=f(1)$에서

$-3=\displaystyle\lim_{x\to1+}(-3x^2+12x-4a)=9-4a$이므로 $a=3$

$f(x)=\begin{cases} 3x^2-3 & (x<0) \\ -3 & (0\leq x<1) \\ -3x^2+12x-12 & (x\geq1) \end{cases}$

$x<0$일 때 곡선 $y=3x^2-3$이 x축과 만나는 점의 x좌표는

$3x^2-3=3(x+1)(x-1)=0$에서

$x=-1$

$x\geq1$일 때 곡선 $y=-3x^2+12x-12$가 x축과 만나는 점의 x좌표는

$-3x^2+12x-12=-3(x-2)^2=0$에서

$x=2$

그러므로 곡선 $y=f(x)$는 그림과 같다.

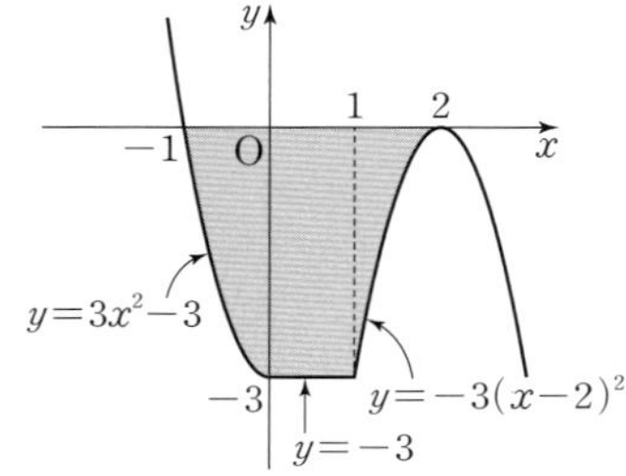

따라서 구하는 넓이는

$\displaystyle\int_{-1}^{2}|f(x)|\,dx$

$=\displaystyle\int_{-1}^{0}(-3x^2+3)\,dx+\int_0^1 3\,dx+\int_1^2(3x^2-12x+12)\,dx$

$=\Big[-x^3+3x\Big]_{-1}^{0}+\Big[3x\Big]_0^1+\Big[x^3-6x^2+12x\Big]_1^2$

$=2+3+1$

$=6$

10

시각 t $(t\geq0)$에서의 두 점 A, B의 위치를 각각 $s_1(t)$, $s_2(t)$라 하면

$s_1(t)=\displaystyle\int_0^t t(2-t)(4-t)\,dt$

$\qquad=\displaystyle\int_0^t (t^3-6t^2+8t)\,dt$

$\qquad=\dfrac{t^4}{4}-2t^3+4t^2$

$s_2(t)=\displaystyle\int_0^t (a-2t)\,dt=-t^2+at$

$s_1(t)=s_2(t)$에서

$\dfrac{t^4}{4}-2t^3+4t^2=-t^2+at$

$\dfrac{t^4}{4}-2t^3+5t^2=at$

출발 후 두 점 A, B가 만나는 횟수는 $t>0$일 때,

방정식 $\dfrac{t^3}{4}-2t^2+5t=a$의 실근의 개수와 같으며 이는

함수 $f(t)=\dfrac{t^3}{4}-2t^2+5t\ (t\geq 0)$의 그래프와 직선 $y=a$의 교점의 개

수와 같다.

$f(t)=\dfrac{t^3}{4}-2t^2+5t$에서

$f'(t)=\dfrac{3}{4}t^2-4t+5$

$f'(t)=0$에서

$\dfrac{3}{4}t^2-4t+5=0,\ \dfrac{1}{4}(t-2)(3t-10)=0$

$t=2$ 또는 $t=\dfrac{10}{3}$

$f(2)=4$, $f\left(\dfrac{10}{3}\right)=\dfrac{100}{27}$이므로 함수 $y=f(t)$의 그래프는 그림과

같다.

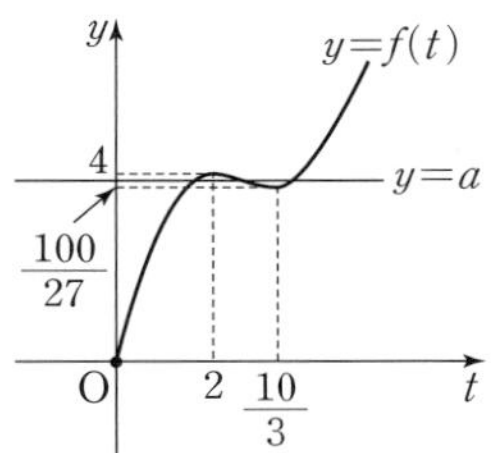

따라서 함수 $y=f(t)$의 그래프와 직선 $y=a$가 서로 다른 세 점에서

만나기 위한 모든 a의 값의 범위는

$\dfrac{100}{27}<a<4$

따라서 $p=27$, $q=100$이므로

$p+q=127$

1 ④	2 ④	3 ①	4 ②
5 ②	6 2	7 ②	8 ②
9 40	10 ⑤		

1

$\displaystyle\lim_{x\to -2}\dfrac{x^2+ax+b}{x^2-4}=\dfrac{3}{2}$ ······ ㉠

㉠에서 $x\longrightarrow -2$일 때 (분모) $\longrightarrow 0$이고 극한값이 존재하므로

(분자) $\longrightarrow 0$이어야 한다.

즉, $\displaystyle\lim_{x\to -2}(x^2+ax+b)=4-2a+b=0$에서

$b=2a-4$ ······ ㉡

㉡을 ㉠에 대입하면

$\displaystyle\lim_{x\to -2}\dfrac{x^2+ax+b}{x^2-4}=\lim_{x\to -2}\dfrac{x^2+ax+2a-4}{x^2-4}$

$\qquad=\displaystyle\lim_{x\to -2}\dfrac{(x+2)(x+a-2)}{(x+2)(x-2)}$

$\qquad=\displaystyle\lim_{x\to -2}\dfrac{x+a-2}{x-2}=\dfrac{-4+a}{-4}$

$\qquad=\dfrac{3}{2}$

따라서 $a=-2$이고 ㉡에서 $b=-8$이므로

$ab=(-2)\times(-8)=16$

2

$\displaystyle\lim_{x\to\infty}\dfrac{f(x)}{x^4}=0$이므로

$f(x)$의 차수를 n이라 하면 $n\leq 3$이고 방정식 $f(x)=0$이 서로 다른

세 정수를 근으로 가지므로 함수 $f(x)$는 삼차함수이다.

$f(x)=ax^3+bx^2+cx+d\ (a$는 소수$)$라 하자.

$\displaystyle\lim_{x\to 0}\dfrac{f(x)}{x}=8$이고, $x\longrightarrow 0$일 때 (분모) $\longrightarrow 0$이므로 (분자) $\longrightarrow 0$이어야

한다. 즉,

$\displaystyle\lim_{x\to 0}f(x)=f(0)=0$

그러므로 $f(x)=ax^3+bx^2+cx\ (a$는 소수$)$

$\displaystyle\lim_{x\to 0}\dfrac{f(x)}{x}=\lim_{x\to 0}\dfrac{ax^3+bx^2+cx}{x}$

$\qquad=\displaystyle\lim_{x\to 0}(ax^2+bx+c)$

$\qquad=c=8$

$f(x)=ax^3+bx^2+8x=x(ax^2+bx+8)$

a가 소수이고 방정식 $f(x)=0$의 근이 음이 아닌 서로 다른 세 정수이

므로 양의 정수 p, q에 대하여

$f(x)=x(x-p)(ax-q)\ ($단, $pq=8)$

a가 소수이고 $\dfrac{q}{a}$가 음이 아닌 정수이기 위해서는 $q\neq 1$이어야 하므로

다음과 같이 세 가지 경우로 나누어 생각한다.

(i) $p=1$, $q=8$일 때

$x(x-1)(ax-8)=0$에서

$x=0$ 또는 $x=1$ 또는 $x=\dfrac{8}{a}$

이므로

$a=2$

$x=0$ 또는 $x=1$ 또는 $x=4$

(ii) $p=2$, $q=4$일 때

$x(x-2)(ax-4)=0$에서

$x=0$ 또는 $x=2$ 또는 $x=\dfrac{4}{a}$

이므로

$a=2$

$x=0$ 또는 $x=2$

이때 방정식 $f(x)=0$의 근은 서로 다른 두 개이므로 적합하지 않다.

(iii) $p=4$, $q=2$일 때

$x(x-4)(ax-2)=0$에서

$x=0$ 또는 $x=4$ 또는 $x=\dfrac{2}{a}$

이므로 $a=2$

$x=0$ 또는 $x=1$ 또는 $x=4$

따라서 (i), (ii), (iii)에서

$a=2$

$f(x)=2x(x-1)(x-4)$

이므로

$a+f(5)=2+40=42$

3

$(x-2)f'(x)=3f(x)-2x^2+x$의 양변에 $x=2$를 대입하면

$0=3f(2)-8+2$

$f(2)=2$

$x \neq 2$일 때, $f'(x)=\dfrac{3f(x)-2x^2+x}{x-2}$

다항함수 $f(x)$의 도함수 $f'(x)$는 다항함수이므로 실수 전체의 집합에서 연속이다. 따라서 $x=2$에서도 연속이므로

$f'(2)=\lim\limits_{x \to 2} f'(x)$

가 성립한다.

$f'(2)=\lim\limits_{x \to 2} f'(x)$

$\qquad =\lim\limits_{x \to 2} \dfrac{3f(x)-2x^2+x}{x-2}$

$\qquad =\lim\limits_{x \to 2} \dfrac{3\{f(x)-2\}-(2x^2-x-6)}{x-2}$

$\qquad =\lim\limits_{x \to 2} \left[\dfrac{3\{f(x)-f(2)\}}{x-2} - \dfrac{(2x+3)(x-2)}{x-2} \right]$

$\qquad =3\lim\limits_{x \to 2} \dfrac{f(x)-f(2)}{x-2} - \lim\limits_{x \to 2}(2x+3)$

$\qquad =3f'(2)-7$

따라서 $f'(2)=\dfrac{7}{2}$

4

$\dfrac{1}{x}=t$라 하면 $x \to \infty$일 때, $t \to 0+$이므로

$\lim\limits_{x \to \infty} x\left\{f\left(2+\dfrac{3}{x}\right)-21\right\}=\lim\limits_{t \to 0+}\dfrac{f(2+3t)-21}{t}=f(2)$ ...... ㉠

㉠에서 $t \to 0+$일 때 (분모) $\to 0$이고 극한값이 존재하므로 (분자) $\to 0$이어야 한다.

즉, $\lim\limits_{t \to 0+}\{f(2+3t)-21\}=f(2)-21=0$이므로 $f(2)=21$

이때 $\lim\limits_{t \to 0+}\dfrac{f(2+3t)-21}{t}=3\lim\limits_{t \to 0+}\dfrac{f(2+3t)-f(2)}{3t}=3f'(2)$

이므로 $3f'(2)=f(2)=21$에서 $f'(2)=7$

한편, $f(x)=2x^3+ax^2-5x+b$에서

$f(2)=16+4a-10+b=21$이므로

$4a+b=15$ ...... ㉡

$f'(x)=6x^2+2ax-5$에서

$f'(2)=24+4a-5=7$이므로 $4a=-12$, $a=-3$

$a=-3$을 ㉡에 대입하면

$-12+b=15$, $b=27$

따라서 $a+b=(-3)+27=24$

5

$g(x)=f(x)-f'(p)(x-p)-f(p)$에서

$g(p)=f(p)-f(p)=0$

$g'(x)=f'(x)-f'(p)$이므로

$g'(p)=f'(p)-f'(p)=0$

또한 삼차함수 $f(x)$는 최고차항의 계수가 1이므로 $g(x)$도 최고차항의 계수가 1인 삼차함수이다.

이때 $g(2)=0$이고 $p \neq 2$이므로

$g(x)=(x-p)^2(x-2)$

즉, $f(x)=(x-p)^2(x-2)+f'(p)(x-p)+f(p)$이므로

$f'(x)=2(x-p)(x-2)+(x-p)^2+f'(p)$

이때 함수 $f(x)$가 $x=0$, $x=1$에서 극값을 가지므로

$f'(0)=4p+p^2+f'(p)=0$ ...... ㉠

$f'(1)=-2(1-p)+(1-p)^2+f'(p)$

$\qquad =p^2-1+f'(p)=0$ ...... ㉡

㉠, ㉡에서 $f'(p)=-p^2-4p=-p^2+1$이므로

$p=-\dfrac{1}{4}$

6

접점의 좌표를 (a, a^3-6a^2+9a-3)이라 하면

$y'=3x^2-12x+9$에서

접선의 방정식은

$y=(3a^2-12a+9)(x-a)+a^3-6a^2+9a-3$

이 접선이 점 $(0, k)$를 지나므로

$k=(3a^2-12a+9)\times(-a)+a^3-6a^2+9a-3$

$\quad =-2a^3+6a^2-3$

이때 함수 $f(k)$는 a에 대한 방정식 $-2a^3+6a^2-3=k$의 서로 다른
실근의 개수와 같다.

$h(a)=-2a^3+6a^2-3$이라 하면

$h'(a)=-6a^2+12a=-6a(a-2)$

$h'(a)=0$에서 $a=0$ 또는 $a=2$

함수 $h(a)$의 증가와 감소를 표로 나타내면 다음과 같다.

a	$\cdots$	0	$\cdots$	2	$\cdots$
$h'(a)$	$-$	0	$+$	0	$-$
$h(a)$	$\searrow$	-3	$\nearrow$	5	$\searrow$

$h(0)=-3$, $h(2)=-16+24-3=5$

함수 $h(a)=-2a^3+6a^2-3$의 그래프와 직선 $y=k$가 만나는 서로 다
른 점의 개수가 $f(k)$이다.

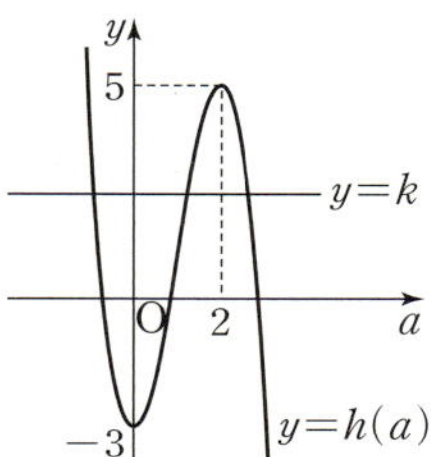

$$f(k)=\begin{cases} 1 \ (k<-3 \text{ 또는 } k>5) \\ 2 \ (k=-3 \text{ 또는 } k=5) \\ 3 \ (-3<k<5) \end{cases}$$

그러므로 함수 $f(k)$는 $k=-3$과 $k=5$일 때 불연속이다.

따라서 $p+q=-3+5=2$

7

$f(x)=x^2-(a+1)x+a=(x-1)(x-a)$에서 $f(1)=0$이고

$\dfrac{d}{dx}\{(x^2+x)f(x)\}=(x^2+x)f'(x)+(2x+1)f(x)$이므로

$\displaystyle\int_1^2 (x^2+x)f'(x)dx+\int_1^2 (2x+1)f(x)dx$

$\displaystyle =\int_1^2 \{(x^2+x)f'(x)+(2x+1)f(x)\}dx$

$\displaystyle =\int_1^2 \{(x^2+x)f(x)\}'dx$

$\displaystyle =\Big[(x^2+x)f(x)\Big]_1^2$

$=6f(2)-2f(1)$

$=6f(2)$

즉, $6f(2)=-12$에서 $f(2)=-2$이므로

$f(2)=2-a=-2$에서 $a=4$

따라서 $f(x)=x^2-5x+4$이므로

$\displaystyle\int_1^a f(x)dx=\int_1^4 (x^2-5x+4)dx$

$\displaystyle =\Big[\dfrac{1}{3}x^3-\dfrac{5}{2}x^2+4x\Big]_1^4$

$=-\dfrac{9}{2}$

8

$f(x)=x^2+px+q$ $(p,\ q$는 상수$)$로 놓으면

$\displaystyle\int_{-a}^a xf(x)dx=\int_{-a}^a x(x^2+px+q)dx$

$\displaystyle \qquad =2p\int_0^a x^2 dx$

$\displaystyle \qquad =2p\Big[\dfrac{1}{3}x^3\Big]_0^a$

$\displaystyle \qquad =\dfrac{2pa^3}{3}$

모든 실수 a에 대하여 $\dfrac{2pa^3}{3}=0$이므로

$p=0$

$\displaystyle\int_{-1}^1 x^2 f(x)dx=\int_{-1}^1 x^2(x^2+q)dx$

$\displaystyle \qquad =2\int_0^1 (x^4+qx^2)dx$

$\displaystyle \qquad =2\Big[\dfrac{1}{5}x^5+\dfrac{q}{3}x^3\Big]_0^1$

$\displaystyle \qquad =\dfrac{6+10q}{15}$

이므로

$\dfrac{6+10q}{15}=\dfrac{12}{5}$에서

$q=3$

따라서 $f(x)=x^2+3$이므로 $f(x)$의 부정적분 중 하나를
$F(x)$라 하면

$\displaystyle\lim_{x\to 1}\dfrac{1}{x-1}\int_1^x f(t)dt$

$\displaystyle =\lim_{x\to 1}\dfrac{F(x)-F(1)}{x-1}$

$=F'(1)$

$=f(1)$

$=4$

9

조건 (나)에서 $x\to 0$일 때 극한값이 존재하고 (분모) $\to 0$이므로
(분자) $\to 0$이어야 한다.

즉, $\displaystyle\lim_{x\to 0}\{f(x)-1\}=0$에서 $f(0)=1$

이때 $\displaystyle\lim_{x\to 0}\dfrac{f(x)-1}{x}=\lim_{x\to 0}\dfrac{f(x)-f(0)}{x-0}=f'(0)=-1$이므로

$a=-1$

즉, $f'(x)=3x^2-2x-1$에서

$f(x)=x^3-x^2-x+C$ $(C$는 적분상수$)$이고, $f(0)=1$이므로 $C=1$

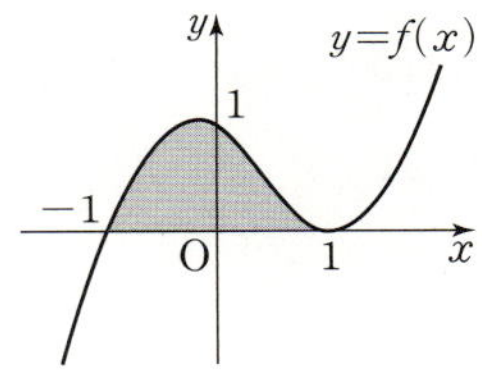

따라서 $f(x)=x^3-x^2-x+1=(x+1)(x-1)^2$이므로 함수

$y=f(x)$의 그래프와 x축으로 둘러싸인 부분의 넓이 S는

$$S=\int_{-1}^{1}(x^3-x^2-x+1)\,dx$$

$$=\int_{-1}^{1}(-x^2+1)\,dx+\int_{-1}^{1}(x^3-x)\,dx$$

$$=2\int_{0}^{1}(-x^2+1)\,dx+0$$

$$=2\left[-\frac{1}{3}x^3+x\right]_{0}^{1}=\frac{4}{3}$$

따라서 $30S=30\times\dfrac{4}{3}=40$

10

두 점 P, Q의 시각 t에서의 위치를 각각 $x_{\mathrm{P}}(t)$, $x_{\mathrm{Q}}(t)$라 하면

$$x_{\mathrm{P}}(t)=\int_{0}^{t}(6-2t)\,dt=\left[6t-t^2\right]_{0}^{t}$$

$$=-t^2+6t$$

$$x_{\mathrm{Q}}(t)=15+\int_{0}^{t}(4t-12)\,dt=15+\left[2t^2-12t\right]_{0}^{t}$$

$$=2t^2-12t+15$$

두 점 P, Q가 만날 때, $x_{\mathrm{P}}(t)=x_{\mathrm{Q}}(t)$이므로

$-t^2+6t=2t^2-12t+15$

$3t^2-18t+15=0$

$t^2-6t+5=0$, $(t-1)(t-5)=0$

$t=1$ 또는 $t=5$

따라서 두 점 P, Q는 시각 $t=1$과 $t=5$에서 서로 만난다.

$f(t)=6-2t=0$에서 $t=3$이므로 점 P는 시각 $t=3$에서 운동 방향을 바꾼다.

$x_{\mathrm{P}}(1)=x_{\mathrm{P}}(5)=5$이므로 시각 $t=1$에서 $t=5$까지 점 P가 움직인 거리 s_1은

$$s_1=\int_{1}^{5}|6-2t|\,dt$$

$$=2\int_{1}^{3}(6-2t)\,dt$$

$$=2\left[6t-t^2\right]_{1}^{3}=2\times\{(18-9)-(6-1)\}=8$$

마찬가지로 $g(t)=4t-12=0$에서 $t=3$이므로 점 Q는 시각 $t=3$에서 운동 방향을 바꾼다.

$x_{\mathrm{Q}}(1)=x_{\mathrm{Q}}(5)=5$이므로 시각 $t=1$에서 $t=5$까지 점 Q가 움직인 거리 s_2는

$$s_2=\int_{1}^{5}|4t-12|\,dt$$

$$=2\int_{1}^{3}(12-4t)\,dt$$

$$=2\left[12t-2t^2\right]_{1}^{3}=2\times\{(36-18)-(12-2)\}=16$$

따라서 $s_1+s_2=8+16=24$

13회 미니모의고사

1 ③	2 ②	3 ②	4 22
5 ⑤	6 ③	7 56	8 ①
9 ②	10 ③		

1

$$\lim_{x\to\infty}\frac{x(2x+3)}{3x^2+2x+1}=\lim_{x\to\infty}\frac{2+\dfrac{3}{x}}{3+\dfrac{2}{x}+\dfrac{1}{x^2}}=\frac{2+0}{3+0+0}=\frac{2}{3}$$

2

함수 $\dfrac{1}{f(x)}$이 실수 전체의 집합에서 연속이 되려면 함수 $f(x)$가 실수 전체의 집합에서 연속이고, 모든 실수 x에 대하여 $f(x)\neq0$이어야 한다.

(i) 함수 $f(x)=\dfrac{x^2+(a-1)x+4}{x^2+ax+3a}$가 실수 전체의 집합에서 연속이 되려면 모든 실수 x에 대하여 $x^2+ax+3a\neq0$이어야 한다.

이때 이차방정식 $x^2+ax+3a=0$의 판별식을 D_1이라 하면

$D_1=a^2-12a<0$이어야 하므로

$a^2-12a=a(a-12)<0$에서

$0<a<12$ ······ ㉠

(ii) 모든 실수 x에 대하여 $f(x)=\dfrac{x^2+(a-1)x+4}{x^2+ax+3a}\neq0$이 되려면 모든 실수 x에 대하여 $x^2+(a-1)x+4\neq0$이어야 한다.

이때 이차방정식 $x^2+(a-1)x+4=0$의 판별식을 D_2라 하면

$D_2=(a-1)^2-16<0$이어야 하므로

$a^2-2a-15=(a+3)(a-5)<0$에서

$-3<a<5$ ······ ㉡

㉠, ㉡을 동시에 만족시켜야 하므로 $0<a<5$

따라서 모든 정수 a는 1, 2, 3, 4이고, 그 개수는 4이다.

3

(i) 함수 $f(x)$가 $x=0$에서 미분가능하므로

$$\lim_{x\to0-}\frac{f(x)-f(0)}{x}=\lim_{x\to0+}\frac{f(x)-f(0)}{x}$$

이어야 한다.

이때

$$\lim_{x\to0-}\frac{f(x)-f(0)}{x}=\lim_{x\to0-}\frac{(x+1)-1}{x}=1$$

$$\lim_{x\to0+}\frac{f(x)-f(0)}{x}=\lim_{x\to0+}\frac{(x^3-3x^2+ax+1)-1}{x}$$

$$=\lim_{x\to0+}\frac{x^3-3x^2+ax}{x}$$

$$=\lim_{x\to0+}(x^2-3x+a)=a$$

이므로 $a=1$

(ii) 함수 $f(x)$가 $x=b$에서 미분가능하므로 $x=b$에서 연속이다.

즉, $\lim\limits_{x \to b-} f(x) = \lim\limits_{x \to b+} f(x) = f(b)$이어야 한다.

이때

$$\lim\limits_{x \to b-} f(x) = \lim\limits_{x \to b-} (x^3 - 3x^2 + ax + 1)$$
$$= b^3 - 3b^2 + ab + 1$$
$$\lim\limits_{x \to b+} f(x) = \lim\limits_{x \to b+} (-2x + 2)$$
$$= -2b + 2$$
$$f(b) = -2b + 2$$

이므로 $b^3 - 3b^2 + b + 1 = -2b + 2$에서

$$b^3 - 3b^2 + 3b - 1 = 0$$
$$(b-1)^3 = 0$$
$$b = 1$$

(i), (ii)에서 $a + b = 1 + 1 = 2$

4

조건 (가)에서 함수 $y = f(x)$의 그래프 위의 임의의 두 점을 지나는 직선의 기울기가 2로 일정하므로 함수 $f(x)$는 기울기가 2인 일차함수이다.

또 조건 (나)에서 함수 $y = f(x)$의 그래프가 점 $(1, 3)$을 지나므로

$$f(x) = 2(x-1) + 3 = 2x + 1$$

함수 $h(x) = g(x) - (2x+1)$이라 하자.

함수 $h(x)$는 최고차항의 계수가 1인 삼차함수이므로

$h(\alpha) = 0$이고, $x \to \alpha+$일 때 $h(x)$가 0보다 큰 값에서 0에 가까워지며 $x \to \alpha-$일 때 $h(x)$가 0보다 작은 값에서 0에 가까워지는 실수 α가 존재한다.

즉, $\lim\limits_{x \to \alpha+} \dfrac{h(x)}{x-\alpha} \geq 0$, $\lim\limits_{x \to \alpha-} \dfrac{h(x)}{x-\alpha} \geq 0$

함수 $|h(x)|$에 대하여 $|h(\alpha)| = 0$이고, $x \to \alpha+$일 때와 $x \to \alpha-$일 때 모두 $|h(x)|$가 0보다 큰 값에서 0에 가까워진다.

즉, $\lim\limits_{x \to \alpha+} \dfrac{|h(x)|}{x-\alpha} \geq 0$, $\lim\limits_{x \to \alpha-} \dfrac{|h(x)|}{x-\alpha} \leq 0$

함수 $|h(x)| = |f(x) - g(x)|$가 실수 전체의 집합에서 미분가능하므로 $x = \alpha$에서 미분가능하다.

$$\lim\limits_{x \to \alpha+} \dfrac{|h(x)|}{x-\alpha} = \lim\limits_{x \to \alpha-} \dfrac{|h(x)|}{x-\alpha} = 0$$

이므로

$$h'(\alpha) = 0$$

즉, $h(\alpha) = 0$이면 $h'(\alpha) = 0$ $\quad$ ……㉠

조건 (나)에서 $g(1) = 3$이므로

$$h(1) = 0$$

그러므로 $h'(1) = 0$이므로 $h(x)$는 $(x-1)^2$을 인수로 갖는다.

$$h(x) = (x-1)^2(x+k) \quad (k\text{는 상수})$$

이때 $h(-k) = 0$이므로 ㉠에 의하여 $h'(-k) = 0$이어야 한다. 즉, $h(x)$가 $(x+k)^2$을 인수로 가져야 하므로 k의 값은 -1만 가능하다.

따라서 $h(x) = (x-1)^3$이므로

$$g(x) = (x-1)^3 + 2x + 1$$
$$f(3) + g(3) = (6+1) + (8+6+1)$$
$$= 22$$

5

조건 (가), (나)에 의하여 함수 $y = f(x)$의 그래프는 그림과 같다.

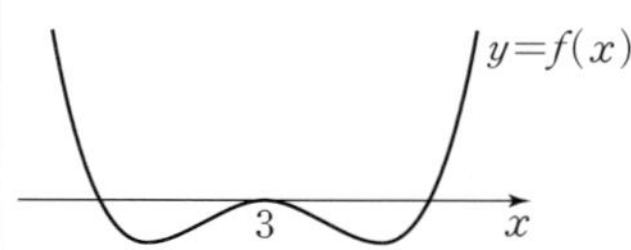

조건 (나)에 의하여 방정식 $f(x) = 0$의 한 실근을 $3+a$라 하면 다른 한 실근은 $3-a$이므로

$$f(x) = (x-3+a)(x-3-a)(x-3)^2 \quad (\text{단, } a\text{는 양의 상수})$$

로 놓을 수 있다. 즉,

$$f(x) = \{(x-3)^2 - a^2\}(x-3)^2$$
$$= (x^2 - 6x + 9 - a^2)(x^2 - 6x + 9)$$

이므로

$$f'(x) = (2x-6)(x^2-6x+9) + (x^2-6x+9-a^2)(2x-6)$$
$$= 2(x-3)\{2(x^2-6x+9) - a^2\}$$
$$= 2(x-3)\{2(x-3)^2 - a^2\}$$

$f'(x) = 0$에서 $x = 3$ 또는 $x = 3 \pm \dfrac{a}{\sqrt{2}}$이므로 함수 $f(x)$는

$x = 3 \pm \dfrac{a}{\sqrt{2}}$에서 극솟값을 갖는다.

이때 함수 $f(x)$의 극솟값이 -16이므로

$f(x) = (x-3)^4 - a^2(x-3)^2$에서

$$f\left(3 + \dfrac{a}{\sqrt{2}}\right) = \left(\dfrac{a}{\sqrt{2}}\right)^4 - a^2\left(\dfrac{a}{\sqrt{2}}\right)^2 = \dfrac{a^4}{4} - \dfrac{a^4}{2} = -\dfrac{a^4}{4} = -16,$$

$$f\left(3 - \dfrac{a}{\sqrt{2}}\right) = \left(-\dfrac{a}{\sqrt{2}}\right)^4 - a^2\left(-\dfrac{a}{\sqrt{2}}\right)^2 = \dfrac{a^4}{4} - \dfrac{a^4}{2} = -\dfrac{a^4}{4} = -16$$

즉, $a^4 = 64$에서 $a^2 = 8$이므로

$$f(x) = (x-3)^4 - 8(x-3)^2$$

따라서 $f(0) = 3^4 - 8 \times 3^2 = 81 - 72 = 9$

6

$f'(x) = 0$에서 $x = -1$ 또는 $x = 2$

함수 $f(x)$의 증가와 감소를 표로 나타내면 다음과 같다.

x	$\cdots$	-1	$\cdots$	2	$\cdots$
$f'(x)$	$+$	0	$-$	0	$+$
$f(x)$	$\nearrow$	극대	$\searrow$	극소	$\nearrow$

함수 $y = f(x)$의 그래프는 그림과 같다.

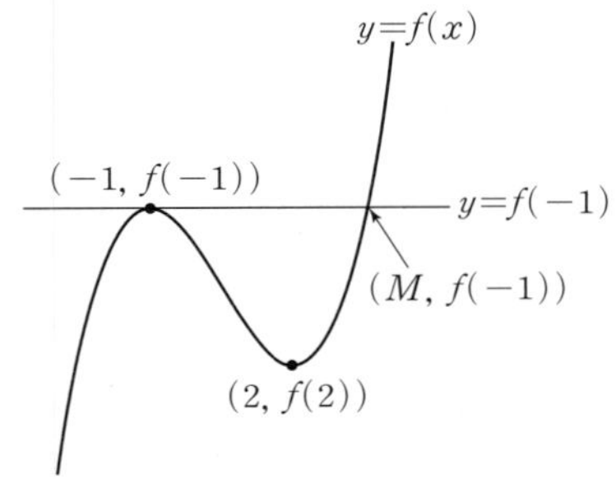

실수 a의 최댓값을 M $(M > 2)$라 하자.

$x \le M$인 모든 실수 x에 대하여 부등식 $f(x) \le f(-1)$이 성립하려면 방정식 $f(x)=f(-1)$은 서로 다른 두 실근 $x=-1$ 또는 $x=M$을 가져야 한다. 즉,

$$f(x)-f(-1)=k(x+1)^2(x-M) \ (k>0, \ k\text{는 상수})$$

로 놓을 수 있으므로

$$f'(x)=2k(x+1)(x-M)+k(x+1)^2$$

$$f'(2)=6k(2-M)+9k=0 \text{에서}$$

$$3k(7-2M)=0$$

$k>0$이므로 $7-2M=0$

따라서 $M=\dfrac{7}{2}$

7

$f(x)=3x^2+2x\displaystyle\int_{-1}^{1}f(t)\,dt+\int_{-1}^{1}tf(t)\,dt$에서

$a=\displaystyle\int_{-1}^{1}f(t)\,dt$, $b=\displaystyle\int_{-1}^{1}tf(t)\,dt$라 하면 a, b는 상수이고

$f(x)=3x^2+2ax+b$

$\begin{aligned}
a&=\int_{-1}^{1}f(t)\,dt\\
&=\int_{-1}^{1}(3t^2+2at+b)\,dt\\
&=2\int_{0}^{1}(3t^2+b)\,dt\\
&=2\Big[\,t^3+bt\,\Big]_{0}^{1}\\
&=2(1+b)\\
&=2+2b
\end{aligned}$

즉, $a-2b-2=0$ $\quad\cdots\cdots$ ㉠

$\begin{aligned}
b&=\int_{-1}^{1}tf(t)\,dt\\
&=\int_{-1}^{1}t(3t^2+2at+b)\,dt\\
&=2\int_{0}^{1}2at^2\,dt\\
&=4a\Big[\,\dfrac{1}{3}t^3\,\Big]_{0}^{1}\\
&=\dfrac{4}{3}a
\end{aligned}$

즉, $4a-3b=0$ $\quad\cdots\cdots$ ㉡

㉠, ㉡을 연립하여 풀면

$a=-\dfrac{6}{5}$, $b=-\dfrac{8}{5}$

따라서 $f(x)=3x^2-\dfrac{12}{5}x-\dfrac{8}{5}$이므로

$f(-4)=3\times(-4)^2-\dfrac{12}{5}\times(-4)-\dfrac{8}{5}=56$

8

$xf(x)=2x^3-3x^2\displaystyle\int_{0}^{2}f'(t)\,dt+\int_{1}^{x}f(t)\,dt$ $\quad\cdots\cdots$ ㉠

㉠의 양변을 x에 대하여 미분하면

$f(x)+xf'(x)=6x^2-6x\displaystyle\int_{0}^{1}f'(t)\,dt+f(x)$

$f'(x)=6x-6\displaystyle\int_{0}^{1}f'(t)\,dt$

이때 $\displaystyle\int_{0}^{1}f'(t)\,dt=k \ (k\text{는 상수})$라 하면

$f'(x)=6x-6k$

$\begin{aligned}
\int_{0}^{1}f'(t)\,dt&=\int_{0}^{1}(6t-6k)\,dt\\
&=\Big[\,3t^2-6kt\,\Big]_{0}^{1}\\
&=3-6k
\end{aligned}$

$3-6k=k$에서 $k=\dfrac{3}{7}$

㉠의 양변에 $x=1$을 대입하면

$\begin{aligned}
f(1)&=2-3\int_{0}^{1}f'(t)\,dt+\int_{1}^{1}f(t)\,dt\\
&=2-3\times\dfrac{3}{7}+0\\
&=2-\dfrac{9}{7}\\
&=\dfrac{5}{7}
\end{aligned}$

$f'(x)=6x-\dfrac{18}{7}$에서

$f(x)=\displaystyle\int\Big(6x-\dfrac{18}{7}\Big)dx=3x^2-\dfrac{18}{7}x+C \ (\text{단, } C\text{는 적분상수})$

$f(1)=\dfrac{5}{7}$에서

$f(1)=3-\dfrac{18}{7}+C=\dfrac{5}{7}$

$C=\dfrac{2}{7}$

이므로 $f(x)=3x^2-\dfrac{18}{7}x+\dfrac{2}{7}$이다.

$F'(t)=f(t)$라 하면

$\begin{aligned}
\lim_{h\to 0}\dfrac{1}{h}\int_{-1}^{-1+7h}f(t)\,dt&=\lim_{h\to 0}\dfrac{F(-1+7h)-F(-1)}{h}\\
&=\lim_{h\to 0}\Big\{\dfrac{F(-1+7h)-F(-1)}{7h}\times 7\Big\}\\
&=7F'(-1)\\
&=7f(-1)\\
&=7\Big(3+\dfrac{18}{7}+\dfrac{2}{7}\Big)\\
&=41
\end{aligned}$

9

함수 $y=f(x)$의 그래프를 x축에 대하여 대칭이동시키면

$-y=f(x)$이므로

$y=-x^2+3x$

이 함수의 그래프를 x축의 방향으로 -1만큼, y축의 방향으로 4만큼 평행이동시키면

$y-4=-(x+1)^2+3(x+1)$

$y=-x^2+x+6$

즉, $g(x)=-x^2+x+6$

두 곡선 $y=f(x)$, $y=g(x)$가 만나는 점의 x좌표는

$x^2-3x=-x^2+x+6$에서

$2(x+1)(x-3)=0$

$x=-1$ 또는 $x=3$

두 곡선 $y=f(x)$, $y=g(x)$는 그림과 같다.

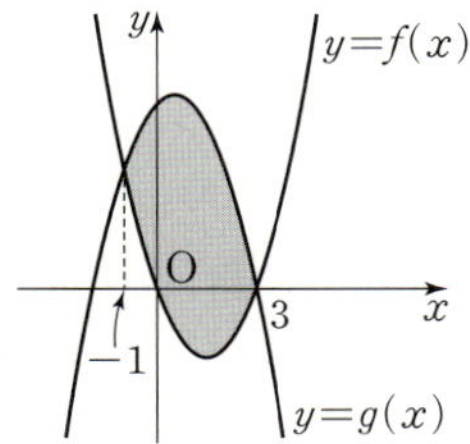

따라서 구하는 넓이는

$$\int_{-1}^{3}|f(x)-g(x)|\,dx$$

$$=\int_{-1}^{3}\{g(x)-f(x)\}\,dx$$

$$=\int_{-1}^{3}\{(-x^2+x+6)-(x^2-3x)\}\,dx$$

$$=\int_{-1}^{3}(-2x^2+4x+6)\,dx$$

$$=\left[-\frac{2}{3}x^3+2x^2+6x\right]_{-1}^{3}$$

$$=\frac{64}{3}$$

10

시각 $t=0$일 때 동시에 원점을 출발하여 수직선 위를 움직이는 두 점 P, Q의 시각 $t=k$에서의 위치를 각각 $f(k)$, $g(k)$라 하면

$$f(k)=\int_{0}^{k}(4t^2-3at+a)\,dt=\frac{4}{3}k^3-\frac{3}{2}ak^2+ak$$

$$g(k)=\int_{0}^{k}(t^2+3t-2a)\,dt=\frac{1}{3}k^3+\frac{3}{2}k^2-2ak$$

$h(k)=f(k)-g(k)$라 하면

$$h(k)=\left(\frac{4}{3}k^3-\frac{3}{2}ak^2+ak\right)-\left(\frac{1}{3}k^3+\frac{3}{2}k^2-2ak\right)$$

$$=k^3-\frac{3}{2}(a+1)k^2+3ak$$

$h'(k)=3k^2-3(a+1)k+3a=3(k-1)(k-a)$

$h'(k)=0$에서 $k=1$ 또는 $k=a$

시각 $t=k$에서 두 점 P, Q 사이의 거리는 $|h(k)|$이므로 두 점 P, Q 사이의 거리가 8이 되도록 하는 모든 양수 k의 개수가 4이려면 $k>0$일 때 방정식 $|h(k)|=8$의 서로 다른 실근의 개수가 4이어야 한다.

$a>1$이므로 삼차함수 $h(k)$는 $k=1$에서 극대, $k=a$에서 극소가 되고

$$h(1)=1-\frac{3}{2}(a+1)+3a=\frac{3}{2}a-\frac{1}{2}$$

$$h(a)=a^3-\frac{3}{2}(a+1)a^2+3a^2=-\frac{1}{2}a^3+\frac{3}{2}a^2$$

$k>0$일 때, 방정식 $|h(k)|=8$의 서로 다른 실근의 개수가 4가 되기 위해서는 함수 $y=|h(k)|$의 그래프와 직선 $y=8$이 접해야 하고, $|h(1)|=8$인 경우와 $|h(a)|=8$인 경우로 나누어 생각할 수 있다.

(ⅰ) $|h(1)|=8$인 경우

$|h(1)|=8$이고 $h(1)>0$이므로

$h(1)=\frac{3}{2}a-\frac{1}{2}=8$에서 $a=\frac{17}{3}$

이때

$$h(a)=h\left(\frac{17}{3}\right)=-\frac{1}{2}\times\left(\frac{17}{3}\right)^3+\frac{3}{2}\times\left(\frac{17}{3}\right)^2=-\frac{1156}{27}$$

에서 $|h(a)|>8$

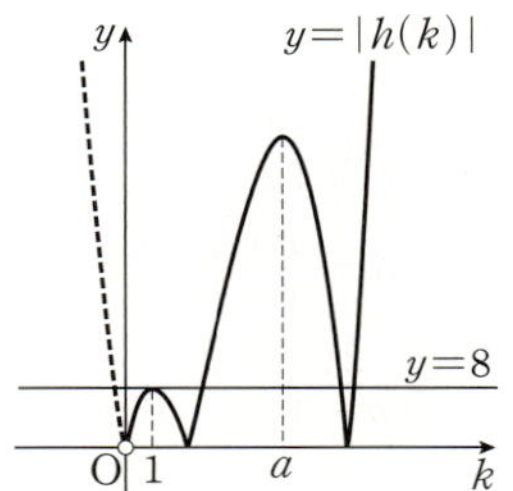

$k>0$일 때, 함수 $y=|h(k)|$의 그래프와 직선 $y=8$의 서로 다른 교점의 개수는 4이므로 주어진 조건을 만족시킨다.

(ⅱ) $|h(a)|=8$인 경우

$|h(a)|=8$이고 $h(a)<0$이므로

$$h(a)=-\frac{1}{2}a^3+\frac{3}{2}a^2=-8$$에서

$a^3-3a^2-16=0$

$(a-4)(a^2+a+4)=0$

$a=4$

이때

$$h(1)=\frac{3}{2}\times4-\frac{1}{2}=\frac{11}{2}$$

에서 $|h(1)|<8$

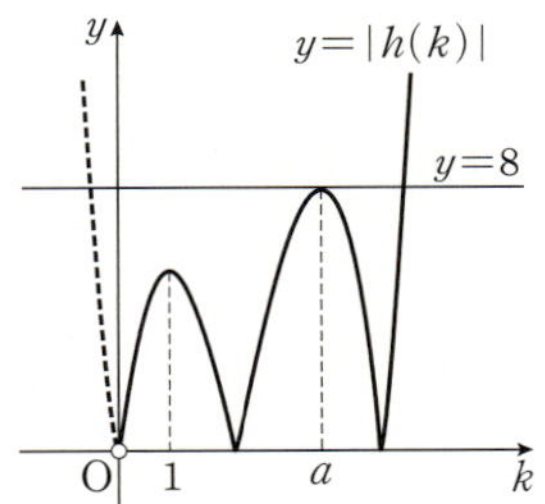

$k>0$일 때, 함수 $y=|h(k)|$의 그래프와 직선 $y=8$의 서로 다른 교점의 개수는 2이므로 주어진 조건을 만족시키지 않는다.

(ⅰ), (ⅱ)에서 $a=\frac{17}{3}$

1 ③	**2** ③	**3** ⑤	**4** ③
5 ①	**6** 29	**7** ③	**8** ④
9 426	**10** ⑤		

1

$$\lim_{x \to a} \frac{x^2-a^2}{x^2-(a+3)x+3a} = \lim_{x \to a} \frac{(x-a)(x+a)}{(x-a)(x-3)}$$
$$= \lim_{x \to a} \frac{x+a}{x-3}$$
$$= \frac{2a}{a-3}$$

이므로

$\dfrac{2a}{a-3} = -2$에서 $2a = -2a+6$

따라서 $4a=6$이므로 $a=\dfrac{3}{2}$

2

조건 (가), (나)에 의하여 함수 $y=f(x)$의 그래프는 그림과 같다.

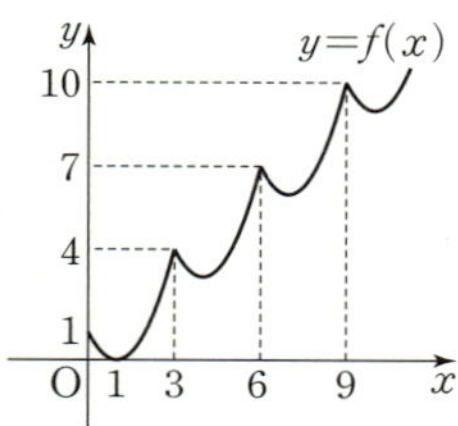

ㄱ. $t=0$일 때, 직선 $y=1$은 그림과
같이 함수 $y=f(x)$의 그래프와
두 점에서 만나므로
$g(0)=2$ (참)

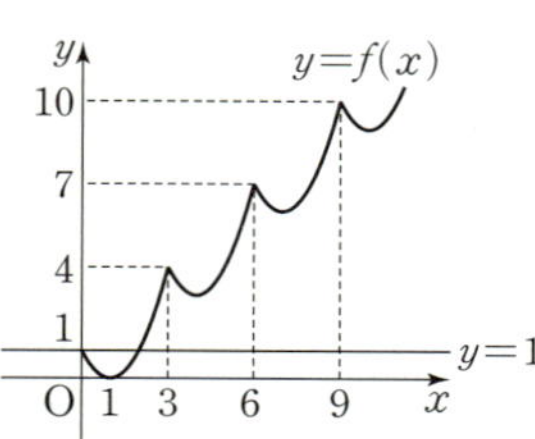

ㄴ. $t>1$일 때, 직선 $y=tx+1$은 그림과
같이 함수 $y=f(x)$의 그래프와 점
$(0, 1)$에서만 만난다.
즉, $t>1$일 때, $g(t)=1$이므로
$\lim\limits_{t \to 1+} g(t)=1$ (거짓)

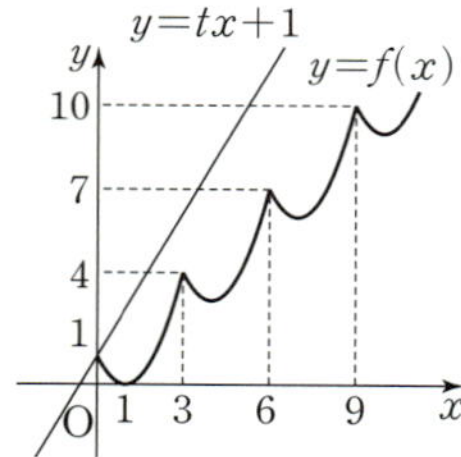

ㄷ. 그림과 같이 점 $(0, 1)$에서 곡선
$y=(x-1)^2$에 접하는 직선을 l_1,
$3<x<6$인 점에서 곡선 $y=f(x)$에
접하고 점 $(0, 1)$을 지나는 직선을
l_2, $6<x<9$인 점에서 곡선
$y=f(x)$에 접하고 점 $(0, 1)$을 지나
는 직선을 l_3, $\cdots$이라 하고, 자연수 n에 대하여 직선 l_n의 기울기

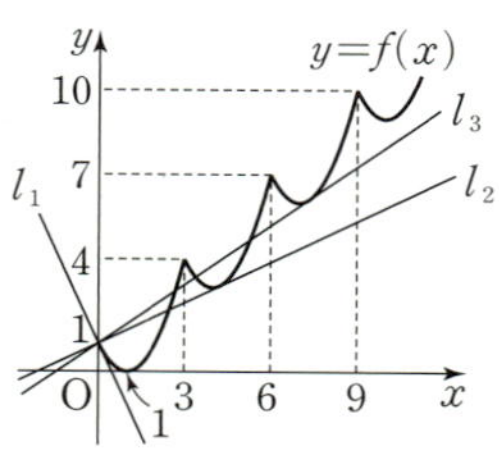

를 t_n이라 하자.

$(x-1)^2=tx+1$에서 $x^2-(t+2)x=0$이므로
$t=-2$일 때 직선 $y=-2x+1$은 점 $(0, 1)$에서 곡선
$y=(x-1)^2$에 접한다.
즉, $t_1=-2$이고 $t \leq -2$일 때 $g(t)=1$, $-2<t<t_2$일 때
$g(t)=2$이므로 함수 $g(t)$는 $t=-2$에서 불연속이고 $a_1=-2$이
다.
또 $g(t_2)=3$이고 $t_2<t<t_3$일 때 $g(t)=4$이므로 함수 $g(t)$는
$t=t_2$에서 불연속이고 $a_2=t_2$이다.
마찬가지 방법으로 하면 $a_3=t_3$임을 알 수 있다.
즉, 직선 $y=a_3 x+1$이 $6<x<9$인 점에서 곡선 $y=(x-7)^2+6$
에 접하므로 이차방정식
$(x-7)^2+6=a_3 x+1$, 즉 $x^2-(a_3+14)x+54=0$의 판별식을
D라 하면
$$D=(a_3+14)^2-4 \times 54=0$$
$$(a_3+14)^2=4 \times 9 \times 6$$
$a_3>0$이므로 $a_3+14=6\sqrt{6}$
그러므로 $a_3=-14+6\sqrt{6}$ (참)

이상에서 옳은 것은 ㄱ, ㄷ이다.

3

$$\lim_{h \to 0} \frac{f(1+3h)-f(1-2h)}{h}$$
$$= \lim_{h \to 0} \frac{f(1+3h)-f(1)-f(1-2h)+f(1)}{h}$$
$$= \lim_{h \to 0} \frac{f(1+3h)-f(1)}{3h} \times 3 + \lim_{h \to 0} \frac{f(1-2h)-f(1)}{-2h} \times 2$$
$$= 3f'(1)+2f'(1)$$
$$= 5f'(1)$$
$$= 10$$

4

$f(x)=x^2+2x+2$라 하면 $f'(x)=2x+2$
접점의 좌표를 $A(\alpha, \alpha^2+2\alpha+2)$라 하면 이 점에서의 접선의 기울기
는 $f'(\alpha)=2\alpha+2$이므로 접선의 방정식은
$$y-(\alpha^2+2\alpha+2)=(2\alpha+2)(x-\alpha)$$
$$y=2(\alpha+1)x-\alpha^2+2 \qquad \cdots\cdots ㉠$$
같은 방법으로 점 $B(\beta, \beta^2+2\beta+2)$에서의 접선의 방정식은
$$y=2(\beta+1)x-\beta^2+2 \qquad \cdots\cdots ㉡$$
두 접선은 모두 점 $\left(a, \dfrac{1}{2}a\right)$를 지나므로 ㉠, ㉡에서
$$\frac{1}{2}a=2(\alpha+1)a-\alpha^2+2, \quad \frac{1}{2}a=2(\beta+1)a-\beta^2+2$$

즉, α, β는 t에 대한 이차방정식 $\dfrac{1}{2}a=2(t+1)a-t^2+2$의 근이다.

$$t^2-2at-\frac{3}{2}a-2=0$$

에서 이차방정식의 근과 계수의 관계에 의하여

$\alpha+\beta=2a$, $\alpha\beta=-\dfrac{3}{2}a-2$ $\qquad\cdots\cdots$ ㉢

이때 직선 AB의 방정식은

$$y-(a^2+2a+2)=\frac{(\beta^2+2\beta+2)-(a^2+2a+2)}{\beta-\alpha}(x-\alpha)$$

$$y-(a^2+2a+2)=\frac{(\beta^2-\alpha^2)+2(\beta-\alpha)}{\beta-\alpha}(x-\alpha)$$

$$y-(a^2+2a+2)=(\beta+\alpha+2)(x-\alpha)$$

$$y=(\alpha+\beta+2)x-\alpha\beta+2$$

㉢에서 $y=(2a+2)x+\dfrac{3}{2}a+4=a\left(2x+\dfrac{3}{2}\right)+2x+4$

이므로 직선 AB는 a의 값에 관계없이 항상 점 $\left(-\dfrac{3}{4},\ \dfrac{5}{2}\right)$를 지난다.

따라서 $p=-\dfrac{3}{4}$, $q=\dfrac{5}{2}$이므로

$$p+q=-\frac{3}{4}+\frac{5}{2}=\frac{7}{4}$$

5

$f(x)=x^3+ax^2+bx+c$에서

$f'(x)=3x^2+2ax+b$

함수 $f(x)$가 극값을 갖는 x가 모두 양수이므로 이차방정식
$3x^2+2ax+b=0$의 두 근을 α, β라 하면 $\alpha>0$, $\beta>0$이다.

이차방정식의 근과 계수의 관계에 의하여

$$\alpha+\beta=-\frac{2a}{3}>0,\ \alpha\beta=\frac{b}{3}>0$$

이므로

$a<0$, $b>0$

한편, $f(0)=c>0$

ㄱ. $b>0$ (참)

ㄴ. $a<0$, $c>0$이므로

$\quad ac<0$ (거짓)

ㄷ. $f(-1)=-1+a-b+c=0$

$\quad b-c=a-1<0$

$\quad ac+b^2>ab+bc$에서

$\quad b^2-(a+c)b+ac>0$

$\quad (b-a)(b-c)>0$인지를 확인하면 된다.

이때 $b-a>0$, $b-c<0$이므로

$\quad (b-a)(b-c)<0$ (거짓)

이상에서 옳은 것은 ㄱ이다.

6

$x^3+3x^2-9x+2-a=0$에서 $x^3+3x^2-9x+2=a$ $\qquad\cdots\cdots$ ㉠

방정식 ㉠이 서로 다른 두 실근을 가지려면 곡선 $y=x^3+3x^2-9x+2$
와 직선 $y=a$가 서로 다른 두 점에서 만나야 한다.

$f(x)=x^3+3x^2-9x+2$라 하면

$f'(x)=3x^2+6x-9=3(x^2+2x-3)=3(x+3)(x-1)$

$f'(x)=0$에서 $x=-3$ 또는 $x=1$

함수 $f(x)$의 증가와 감소를 표로 나타내면 다음과 같다.

x	$\cdots$	-3	$\cdots$	1	$\cdots$
$f'(x)$	$+$	0	$-$	0	$+$
$f(x)$	$\nearrow$	29	$\searrow$	-3	$\nearrow$

이때 함수 $y=f(x)$의 그래프는 그림과 같다.

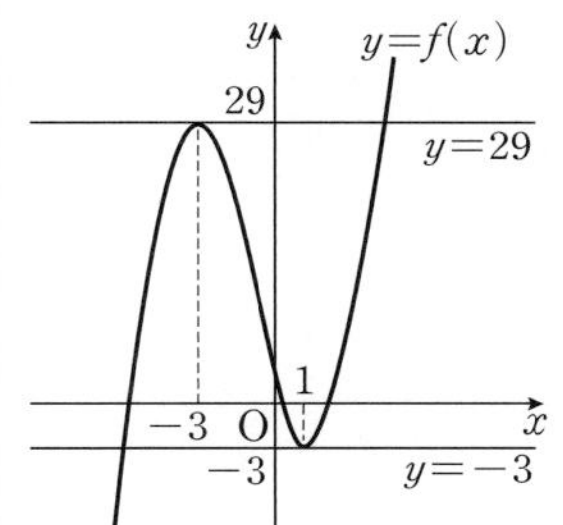

따라서 곡선 $y=f(x)$와 직선 $y=a$가 서로 다른 두 점에서 만나려면
$a=29$ 또는 $a=-3$

그런데 $a>0$이므로

$a=29$

7

$$\int_{-1}^{1}(4x^3+ax^2+ax)\,dx=\int_{-1}^{1}ax^2\,dx+\int_{-1}^{1}(4x^3+ax)\,dx$$

$$=2\int_{0}^{1}ax^2\,dx+0$$

$$=2\left[\frac{a}{3}x^3\right]_{0}^{1}$$

$$=2\times\frac{a}{3}=2$$

따라서 $a=3$

8

조건 (가)에서 모든 실수 x에 대하여

$f(-x)+g(-x)=-\{f(x)+g(x)\}$

이므로

$f(x)+g(x)=2x^3+(a+2)x^2+(b-4)x$에서

$a+2=0$, $a=-2$

$f'(x)=3x^2-4x-4$, $g'(x)=3x^2+4x+b$이므로

조건 (나)에서

$$\int_{-1}^{1}\{xf'(x)+g'(x)\}\,dx$$

$$=\int_{-1}^{1}\{(3x^3-4x^2-4x)+(3x^2+4x+b)\}\,dx$$

$$=\int_{-1}^{1}(3x^3-x^2+b)\,dx$$

$$=2\int_{0}^{1}(-x^2+b)\,dx$$

$$=2\left[-\frac{1}{3}x^3+bx\right]_{0}^{1}$$

$$=2\left(-\frac{1}{3}+b\right)$$

$2\left(-\dfrac{1}{3}+b\right)=\dfrac{28}{3}$에서 $b=5$

따라서 $f(x)=x^3-2x^2-4x$, $g(x)=x^3+2x^2+5x$이므로

$$\int_{-1}^{1}\{f(x)+xg(x)\}dx$$

$$=\int_{-1}^{1}\{(x^3-2x^2-4x)+(x^4+2x^3+5x^2)\}dx$$

$$=\int_{-1}^{1}(x^4+3x^3+3x^2-4x)dx$$

$$=2\int_{0}^{1}(x^4+3x^2)dx$$

$$=2\left[\frac{1}{5}x^5+x^3\right]_{0}^{1}$$

$$=2\times\left(\frac{1}{5}+1\right)=\frac{12}{5}$$

9

두 곡선 $y=x^2-2x$, $y=2x^2-8x+3$이 만나는 서로 다른 두 점의 x

좌표는 $x^2-2x=2x^2-8x+3$에서

$x^2-6x+3=0$의 두 근이다. 두 근이 α, β $(\alpha<\beta)$이므로

$\alpha+\beta=6$, $\alpha\beta=3$

$0<\alpha<\beta$　　　　$\cdots\cdots$ ㉠

$\alpha^2+\beta^2=(\alpha+\beta)^2-2\alpha\beta$

$\qquad\qquad=6^2-2\times3=30$

$(\beta-\alpha)^2=(\beta+\alpha)^2-4\alpha\beta=6^2-4\times3=24$에서

$\alpha<\beta$이므로 $\beta-\alpha=2\sqrt{6}$

$f(x)=4x^3+3x^2$이라 하면

$f'(x)=12x^2+6x$

$x>0$일 때 $f'(x)>0$이고 $f(0)=0$이므로

$f(\alpha)>0$, $f(\beta)>0$　　　$\cdots\cdots$ ㉡

㉠과 ㉡에서 곡선 $y=4x^3+3x^2$과 두 직선 $x=\alpha$, $x=\beta$ 및 x축으로

둘러싸인 부분의 넓이는

$$\int_{\alpha}^{\beta}(4x^3+3x^2)dx$$

$$=\left[x^4+x^3\right]_{\alpha}^{\beta}$$

$$=(\beta^4+\beta^3)-(\alpha^4+\alpha^3)$$

$$=(\beta^4-\alpha^4)+(\beta^3-\alpha^3)$$

$$=(\beta-\alpha)(\beta+\alpha)(\beta^2+\alpha^2)+(\beta-\alpha)(\beta^2+\alpha\beta+\alpha^2)$$

$$=(\beta-\alpha)\{(\beta+\alpha)(\beta^2+\alpha^2)+(\beta^2+\alpha\beta+\alpha^2)\}$$

$$=2\sqrt{6}(6\times30+30+3)$$

$$=426\sqrt{6}$$

따라서 $m=426$

10

함수 $y=f(x)$는 $x=a$에서 연속이므로

$\displaystyle\lim_{x\to a-}f(x)=\lim_{x\to a+}f(x)=f(a)$에서

$\displaystyle\lim_{x\to a-}f(x)=\lim_{x\to a-}(x^3-2x^2)=a^3-2a^2$

$\displaystyle\lim_{x\to a+}f(x)=\lim_{x\to a+}\left(\frac{1}{2}x^2+k\right)=\frac{1}{2}a^2+k$

$f(a)=\frac{1}{2}a^2+k$

즉, $a^3-2a^2=\frac{1}{2}a^2+k$이므로

$k=a^3-\frac{5}{2}a^2=a^2\left(a-\frac{5}{2}\right)>0$에서 $a>\frac{5}{2}$

따라서 함수 $y=f(x)$의 그래프는 그림과 같다.

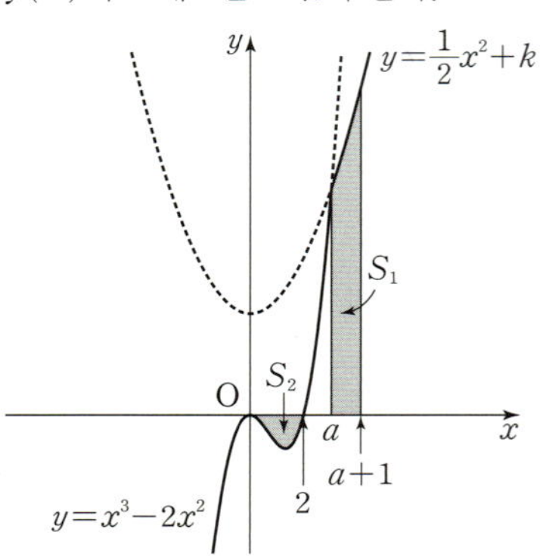

함수 $y=f(x)$의 그래프와 x축 및 두 직선 $x=a$, $x=a+1$로 둘러싸

인 부분의 넓이 S_1은

$$S_1=\int_{a}^{a+1}f(x)dx=\int_{a}^{a+1}\left(\frac{1}{2}x^2+k\right)dx=\left[\frac{1}{6}x^3+kx\right]_{a}^{a+1}$$

$$=\left\{\frac{1}{6}(a+1)^3+k(a+1)\right\}-\left(\frac{1}{6}a^3+ka\right)$$

$$=\frac{1}{2}a^2+\frac{1}{2}a+\frac{1}{6}+k$$

이때 $k=a^3-\frac{5}{2}a^2$이므로

$$S_1=\frac{1}{2}a^2+\frac{1}{2}a+\frac{1}{6}+a^3-\frac{5}{2}a^2$$

$$=a^3-2a^2+\frac{1}{2}a+\frac{1}{6}$$

함수 $y=f(x)$의 그래프와 x축으로 둘러싸인 부분의 넓이 S_2는

$$S_2=\int_{0}^{2}|f(x)|dx=\int_{0}^{2}\{-f(x)\}dx$$

$$=\int_{0}^{2}(-x^3+2x^2)dx=\left[-\frac{1}{4}x^4+\frac{2}{3}x^3\right]_{0}^{2}$$

$$=-4+\frac{16}{3}=\frac{4}{3}$$

$S_1=8S_2=8\times\frac{4}{3}=\frac{32}{3}$에서

$$a^3-2a^2+\frac{1}{2}a+\frac{1}{6}=\frac{32}{3}$$

$$a^3-2a^2+\frac{1}{2}a-\frac{21}{2}=0$$

$$2a^3-4a^2+a-21=0$$

$$(a-3)(2a^2+2a+7)=0$$

$2a^2+2a+7=2\left(a+\frac{1}{2}\right)^2+\frac{13}{2}>0$이므로 $a=3$

따라서 $k=3^3-\frac{5}{2}\times3^2=\frac{9}{2}$이므로

$$a+k=3+\frac{9}{2}=\frac{15}{2}$$